Elementare Elektrizitätslehre

Von

Dr. Georg Heußel
Studienrat

II. TEIL

Das elektrische Feld

München und Berlin 1942
Verlag von R. Oldenbourg

Gedruckt in der Druckerei der PHYWE AG. Göttingen

Herrn Geh. Regierungsrat
Prof. Dr. E. ORLICH
gewidmet

Vorwort.

Über Ziel und Aufgabe dieses Büchleins unterrichtet das Vorwort des ersten Teils. Die Parallelversuche haben nur die Aufgabe, die elektrischen Begriffe zu veranschaulichen.

Ich erfülle die angenehme Pflicht, meinem Kollegen, Herrn Studienrat Dr. Flörke, für seine wertvollen Ratschläge bei der Behandlung des chemischen Teils herzlichst zu danken.

Gießen, im Januar 1933.

Dr. Georg Heußel.

Inhaltsangabe.

I. Feld und Feldlinien.

§ 1. Strom und Spannung.

Im ersten Teil unserer Elektrizitätslehre gingen wir von der Glühbirne aus und untersuchten danach die Erscheinungen, die sich mit der Tatsache verknüpfen: „Es fließt ein elektrischer Strom". Die Ursache des elektrischen Stromes bezeichneten wir als Spannung. Spannung erzeugten wir, soweit sie uns nicht vom Elektrizitätswerk geliefert wurde, durch Elemente, in denen wir Elektrizitätspumpen sahen. Damit eine solche Pumpe Spannung auf einem Leiter hervorbringen konnte, mußte sie, wenn auch kurze Zeit, arbeiten, d. h. Elektronen in Bewegung setzen. Es mußte also ein elektrischer Strom fließen. So hängen also Strom und Spannung aufs engste miteinander zusammen. Elektrische Pumpen sind Apparate, mit denen wir den normalen Gleichgewichtszustand der Elektrizität stören; diese Störung äußert sich als elektrische Spannung und elektrischer Strom; was das Primäre ist, bleibt von Fall zu Fall noch zu entscheiden. Während wir im ersten Teil die Erscheinungen des elektrischen Stromes allerdings nur vorläufig untersuchten, legen wir im folgenden den Nachdruck auf die Tatsache: „Es herrscht Spannung". Wir setzen damit die Untersuchungen der §§ 2 und 3 des ersten Teiles mit den Abbildungen 4 bis 18 planmäßig fort. Dabei wird sich der Aufbau bald dem des vierten Kapitels des ersten Bandes nähern.

§ 2. Eine rotierende Elektrizitätspumpe.

Bei den folgenden Versuchen brauchen wir mitunter verhältnismäßig hohe Spannungen. Wir können solche erreichen, indem wir viele Akkumulatoren in Form einer „Hochspannungsbatterie" hintereinanderschalten. Wir können aber auch anknüpfen an die Versuche des § 3. Dort haben wir gezeigt, daß wir mit einem Stück Schaumgummi Elektrizität von fast allen Körpern abwischen können. Als ein solcher Körper, dem wir Elektrizität entnehmen, dient in Abbildung 1 eine kreisrunde Glasscheibe, die um eine waagrechte Achse drehbar ist. Auf ihr schleifen statt des Schaumgummis zwei isolierte Lederkissen, die mit Zinkamalgam bestrichen sind, und entnehmen der sich drehenden Scheibe Elektrizität. Die Scheibe bekommt dadurch Unter(+)spannung.

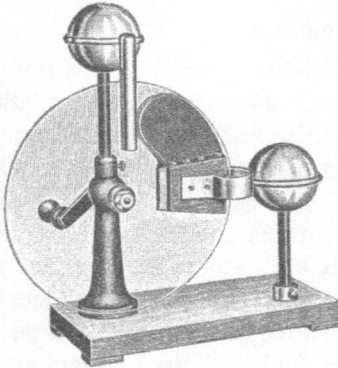

Rotierende Elektrizitätspumpe.
−1−

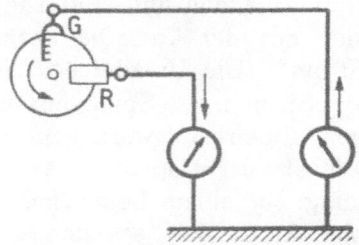

Die Pumpe „saugt" Elektronen aus der Erde
und läßt sie wieder zurückfließen.
−2−

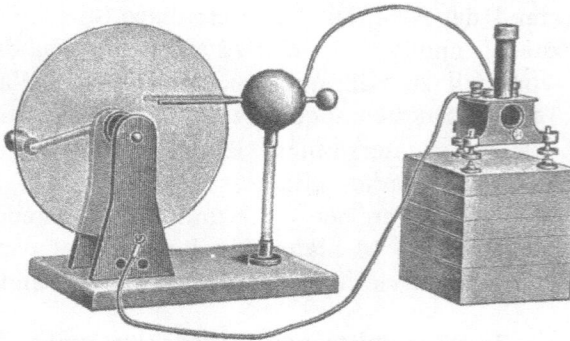

Die Pumpe setzt die in allen Teilen des „Stromkreises" von vornherein
vorhandene Elektrizität in Bewegung.
−3−

Die abgestrichene Elektrizität wird wieder ersetzt durch eine Zuleitung von der Erde her. Wir sehen auf der linken Seite eine isolierte Gabel, die die Scheibe umfaßt; sie wird mit der Erde verbunden, und aus ihr wird Elektrizität auf die Scheibe gesaugt, um nachher wieder von den Lederkissen aufgenommen zu werden. Verbinden wir also Lederkissen und Gabel beide mit der Erde, so muß beim Drehen der Maschine ein elektrischer Strom von der Erde in die Gabel und vom Kissen wieder zur Erde fließen. (Abbildung 2.) Davon überzeugen wir uns durch den Versuch: Wir schalten in eine der beiden Leitungen das geeichte Galvanometer der Abbildung (I 53) ein und erhalten einen Strom, dessen Stärke von der Größenordnung 10^{-6} Ampere ist. Wir können natürlich geradesogut das hochempfindliche Instrument ohne Erdung zwischen Kissen und Gabel schalten (Abbildung 3). Das bescheidene Ergebnis ist dasselbe (vgl. I, § 9, Seite 28).

Elektrometer (bis 4000 Volt).
— 4 —

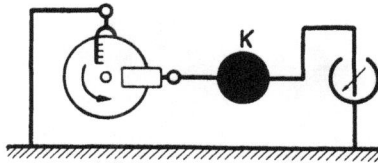

Die Pumpe erzeugt hohe Spannung.
— 5 —

Ganz anders wird jedoch die Sache, wenn wir das Kissen mit einer isolierten Kugel K und diese mit dem Braunschen Elektrometer der Abbildung 4 verbinden, während die Gabel geerdet ist (Abbildung 5). Dann erhalten wir beim Drehen der Scheibe auf K eine Übers(—)pannung, die den Meßbereich des Instrumentes bei weitem übersteigt, also mindestens einige Tausend Volt. Dadurch dürfen wir uns nicht imponieren lassen. Ein Druckunterschied von etwa 80 cm Wassersäule in der Atmosphäre kann die Ursache eines Sturmes sein, der Dächer abdeckt und Bäume entwurzelt. Der wesentlich höhere Druck in einem Fahrradreifen (etwa von der Größenordnung 10 m Wassersäule) ist etwas ganz Harmloses. Statt der Überspannung können wir mit unserer neuen Pumpe geradesogut Unter(+)spannung herstellen. Wir brauchen ja nur das Kissen zu erden und die Gabel mit der isolierten Kugel zu verbinden. Wir werden später noch zeigen, wie sich hohe Spannungen messen lassen.

Rotierende Elektrizitätspumpen sind auch die „Influenzmaschinen", deren Wirkungsweise wir hier nicht besprechen können (Abbildungen 6 und 7). Als primitives Mittel zum Erzeugen hoher Spannung haben wir schon den Schaumgummilappen (I, § 4, Seite 9) kennengelernt. Dahin gehört auch der Hartgummistab im Verein mit dem beliebten Katzenfell oder der Glasstab mit dem Seidenlappen. Der Bernstein, der schon in uralten Zeiten aus Wolle gern Elektrizität aufnahm und damit Überspannung bekam, hat ihr den Namen gegeben, doch dürfte die (tatsächlich vorgeschlagene) Übersetzung „die Bernsteinigkeit" ins Lächerliche gehören.

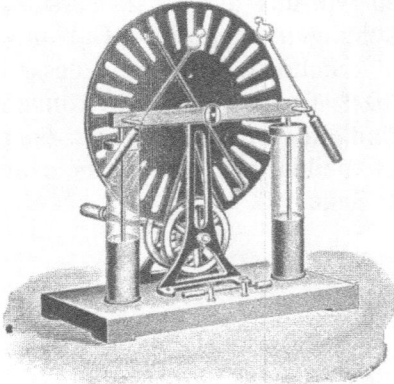

Influenzmaschine nach Holtz.

—6—

Influenzmaschine nach Wommelsdorf.

—7—

§ 3. Das Dielektrikum.

Wir haben früher (I, § 2, Seite 7) die Elektrizität auf einem isolierten Leiter mit der Luft in einer geschlossenen Flasche verglichen. Die Luft kann sich in der Flasche bewegen, wie die Elektrizität im Leiter. Der Flasche, die die Luft umhüllt und sie vom Luftmeer trennt, entspricht dann die Lufthülle um den Leiter, die ihn von andern Leitern und der Erde trennt. Diese nichtleitende Umgebung des Leiters, im einfachsten Falle die Luft und der Porzellanfuß, nennen wir das Dielektrikum. Es ist das eigentliche Elektrizitätsgefäß, das der Bewegung der Elektrizität Schranken setzt.

Wenn wir den Luftdruck in einer geschlossenen Flasche mehr und mehr steigern, dann platzt die Flasche, und zwar wird die Hülle zunächst an ihrer schwächsten Stelle undicht. Auch das Dielektrikum kann undicht werden, wenn die Spannung auf dem eingeschlossenen Leiter zu groß wird. Dann geht an der schwächsten Stelle des Dielektrikums die Elektrizität, oft unter Funkenbildung, über. Nähern wir der bis zu hoher Spannung geladenen Kugel K den Finger, so entsteht dort die schwächste Stelle im Dielektrikum. Dem entstehenden Funken können wir die Richtung, in der die Elektrizität übergeht, nicht ansehen. Das gilt auch für den gewaltigsten elektrischen Funken, den Blitz. Zwischen Wolke und Erde besteht ein Spannungsunterschied von mehreren Millionen Volt. Das Dielektrikum wird an seiner jeweils schwächsten Stelle, also etwa zwischen der Wolke und dem Kirchturm, durchschlagen. Auch bei der Pumpe des vorigen Paragraphen geht die Elektrizität von der Gabel auf die Scheibe durch das Dielektrikum über.

§ 4. Spannung im Dielektrikum.

Wird in einem Gefäß der Luftdruck gesteigert, so treten in seinen Wänden Veränderungen auf, wir brauchen nur an eine gefüllte Gummiblase zu denken. Den Gefäßwänden entspricht das Dielektrikum. Daß in ihm Wirkungen vorhanden sind, haben uns schon die Versuche im § 2, Band I, gezeigt. Wir untersuchen die Erscheinungen im Dielektrikum jetzt genauer. Dazu erzeugen wir mittels unserer neuen Pumpe auf der Kugel K der Abbildung 8

recht hohe Spannung und bringen in die Nähe von **K** eine kleine
Kugel **A**, die unter Zwischenschaltung einer Stange auf einem
Elektroskop sitzt. Das Elektroskop schlägt aus. Der Ausschlag nimmt ab, je weiter wir **A** von **K** entfernen. Mittels der Versuchsanordnung vom Ende des § 12, Band I, Abbildung 77, können wir uns überzeugen, daß die Spannung von derselben Art ist wie auf **K**.

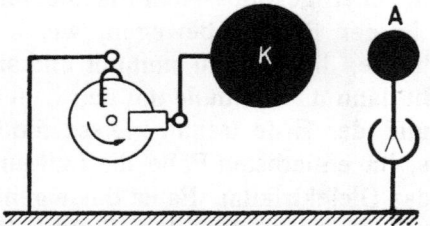

A bekommt Spannung, ohne daß ihm Elektronen
zugeführt werden.

− 8 −

Damit haben wir etwas ganz Neues. Seither mußten wir,
um auf einem Leiter Über(—)spannung zu erzeugen oder zu steigern,
Elektronen zuführen; jetzt entsteht auf **A** eine Überspannung
und ändert sich, während der Bestand an Elektronen auf **A** und
den damit verbundenen Leitern derselbe bleibt. Die Ladung
von **K** beeinflußt also das Dielektrikum der Umgebung derart,
daß ein in diesem befindlicher Leiter **A** Spannung bekommt. Den
Raum um **K**, in dem wir diese eigenartige Erscheinung nachweisen
können, nennen wir das „elektrische Feld von **K**". Daß es recht
weit reicht, können wir mit dem Quadrantenelektrometer nachweisen. Wir schalten es in der früher geschilderten Weise, verbinden das nicht geerdete Quadrantenpaar mit einer isolierten
Kugel **A** und ziehen in einigen Metern Entfernung einen Hartgummistab durch das Katzenfell. Das Elektrometer schlägt aus.

Die auf **A** erzeugte Spannung nennen wir „aufgedrückt" oder
„influenziert". Wir werden im nächsten Paragraphen zeigen, daß
diese durch „Influenz" erzeugte Spannung auch die Fähigkeit hat,
einen elektrischen Strom zu erzeugen, genau wie die durch Elek-
tronenzufuhr entstandene. Diese wollen wir zum Unterschied von
der aufgedrückten Spannung fortan „Eigenspannung" nennen.

Die der Kugel **A** aufgedrückte Spannung verschwindet mit
der Eigenspannung von **K**, sobald wir die überschüssigen Elektronen
von **K** durch den Finger abfließen lassen.

Als vorläufiges Kennzeichen des elektrischen Feldes stellen
wir also fest: Ein in das elektrische Feld gebrachter spannungs-

loser isolierter Leiter bekommt Spannung, ohne daß sich sein Elektronenbestand ändert. Diese Spannung ist im allgemeinen von Ort zu Ort verschieden.

§ 5. Influenz.

Parallelversuche.

Abbildung 9.

Die beiden Flaschen A und B sind durch einen Gummischlauch verbunden und durch Hähne getrennt.

An jede ist ein Manometer, M_a und M_b, angeschlossen.

Die Heizsonne K bestrahlt die beiden Flaschen, der Luftdruck in den Flaschen steigt. Der Druck in A wird größer als der in B.

Die Verbindungshähne werden geöffnet.

Abbildung 10.

Die beiden Kugeln A und B sind mit je einem Elektroskop, E_a und E_b, verbunden.

K wird von links herangebracht und Elektrizität daraufgepumpt.

Die Spannung auf A ist größer als die auf B.

A wird mit B durch einen Messingstab mit isolierendem Griff verbunden. (Vgl. Abbildung 11a, die beiden Hälften sind durch einen Kurzschlußstecker verbunden.)

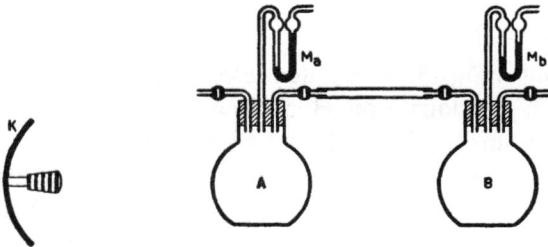

Die Wärmestrahlen der Heizsonne K erzeugen in A und B verschiedenen Druck.

—9—

M_a und M_b zeigen denselben Druck an.

Es ist Luft von A nach B geflossen.

Die Hähne werden geschlossen.

Die Heizsonne wird entfernt.

Der Ausschlag von M_b geht etwas zurück.

Der Ausschlag von M_a wird erst Null, dann schlägt M_a umgekehrt im Sinne von Unterdruck aus.

E_a und E_b zeigen dieselbe Spannung an.

Es ist Elektrizität von A nach B geflossen.

Der Messingstab wird entfernt.

K wird langsam entfernt.

Der Ausschlag von E_b geht etwas zurück.

Der Ausschlag von E_a wird dabei erst Null, dann schlägt E_a wieder aus. Die Prüfung ergibt, daß jetzt auf A Unterspannung herrscht.

Die Verbindungshähne werden ge-
öffnet.
Es fließt Luft zurück von B nach A.
Der Gesamtdruck wird Null.

A und B werden wieder verbunden.
Elektronen fließen zurück von B
nach A.
Die Gesamtspannung wird Null.

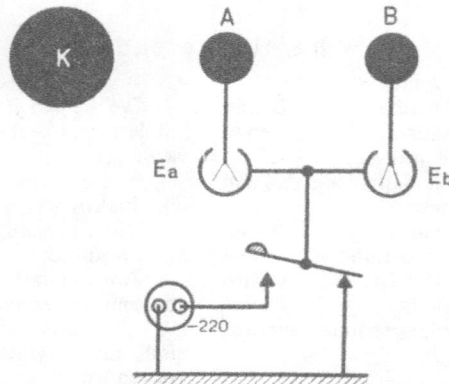

Das Feld der geladenen Kugel K verursacht auf A und B verschiedene Spannung.

— 10 —

Es muß möglich sein, den elektrischen Strom, der einmal
von A nach B, dann von B nach A fließt, nachzuweisen. Wir
wiederholen unsern Versuch, schalten aber in den Messingstab
statt des Steckers b entweder eine Glimmlampe, ein kleines Neon-
röhrchen, Abbildung 11c, (besondere Form der Glimmlampe) oder das höchstempfindliche Galvanometer der Abbildung 12. Das kurze Aufblitzen des Lämpchens oder ein Ausschlag des Galvano-meters zeigt jedesmal den Strom an. Bei sorgfäl-tiger Beobachtung läßt sich auch bei dem Glimmlämp-chen erkennen, daß die Stromrichtung in beiden

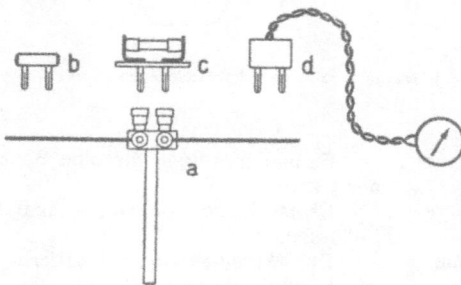

In der Mitte unterteilter Messingstab a an Isoliergriff; die
beiden Hälften können durch einen Kurzschlußstecker b,
über ein Neonröhrchen c oder ein Galvanometer d verbunden werden.

—11—

Fällen verschieden ist. Wir sehen also: Auch die influenzierte Spannung hat die Fähigkeit, einen elektrischen Strom zu erzeugen. Dieser fließt nur solange, bis auf A und B dieselbe Spannung herrscht. Nach Entfernung der Leitung zwischen A und B kommt die Überspannung auf A zustande durch Addition der aufgedrückten Über(—)spannung und der durch Abfluß von Elektrizität entstandenen Eigen-Unter(+)spannung. Wird K entfernt, so bleibt nur diese zurück. Sie gleicht sich nachher mit der Eigen-Über(—)-spannung auf B aus; die zurück-fließenden Elektronen füllen die Lücken gerade wieder aus.

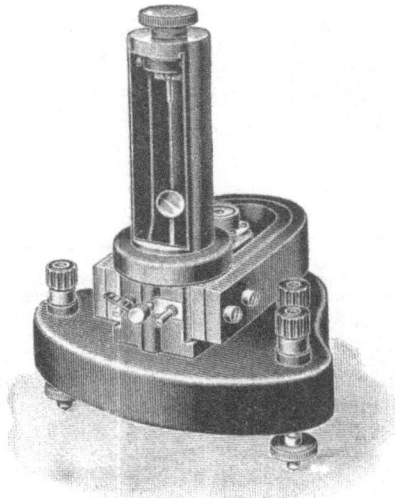

Höchstempfindliches $(3,8 \cdot 10^{-11})$ Drehspulspiegel-galvanometer.

−12−

Der Versuch gestattet folgende Abänderung:

An Stelle von B tritt das Luftmeer.
Nach Erwärmung von A wird der Hahn geöffnet.

Luft fließt ins Luftmeer.

Der Überdruck verschwindet.
Der Hahn wird geschlossen.

Die Heizsonne wird entfernt.
Es tritt Unterdruck auf.

An Stelle von B tritt die Erde.
Wir berühren A mit dem Messing-stab, dessen eines Ende wir in der Hand halten und damit erden.
Ein elektrischer Strom geht nach der Erde. (Ein hochempfindliches Gal-vanometer schlägt aus.)
Die Spannung verschwindet.
Die Erdleitung wird weggenom-men.
K wird entfernt.
Es tritt Unter(+)spannung auf.

Damit haben wir ein Verfahren, das uns gestattet, mit Hilfe der auf K vorhandenen Über(—)spannung Unter(+)spannung auf A zu erzeugen. Wir bringen A in das elektrische Feld von K, berühren es mit dem Finger und bringen es dann aus dem Feld heraus (Abbildung 13).

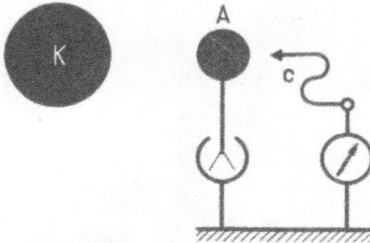

Laden durch Influenz. Statt des Galvanometers
kann auch ein in der Hand gehaltenes Neonröhrchen dienen.
— 13 —

Sämtliche Versuche verlaufen ganz entsprechend, wenn auf K von vornherein Unter(+)spannung durch Abpumpen von Elektrizität erzeugt wird. Die Stromrichtung ist dann immer umgekehrt wie oben.

Anmerkung: Es gibt ähnliche Erscheinungen in der Wärmephysik. Wenn wir ein Gas in einem Behälter zusammendrücken, so erwärmt es sich. Lassen wir die Wärme abfließen und dann das Gas sich wieder ausdehnen, so kühlt es sich unter die ursprüngliche Temperatur ab. Das Verfahren wird bei Kältemaschinen benutzt.

§ 6. Der Kondensator.

Die Vorgänge bei dem Versuch der Abbildung 13 bedürfen noch genauester Untersuchung. Die Apparatur wird umgeformt. Damit wir A möglichst nahe an K heranbringen können, bekommen beide die Form kreisrunder Scheiben nach Abbildung 14. Beide sind isoliert, die linke K ist fest, die rechte A läßt sich verschieben. Damit sich beide nicht berühren können, sind auf K kleine Bernsteinklötzchen aufgesetzt. Der Apparat heißt Kondensator, sein Schaltsymbol zeigt Abbildung 15.

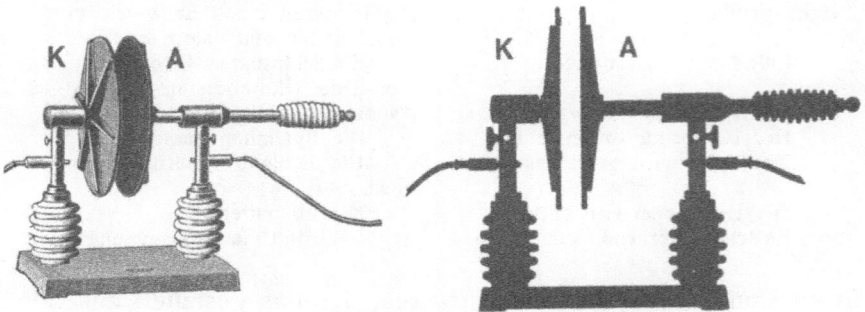

Plattenkondensator.
— 14 —

Ein mechanisches Modell zum Kondensator zeigt Abbildung 16: ein weites U-Rohr ist zur Hälfte mit gefärbtem Wasser gefüllt.

An den Enden ist das Rohr verengt. Dort lassen sich Gummischläuche ansetzen.

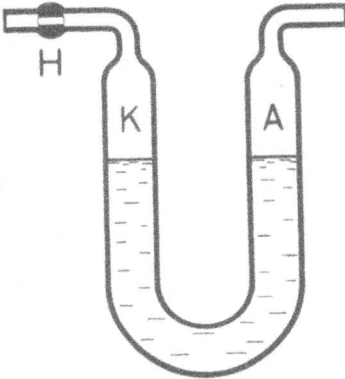

Schaltsymbol des Kondensators.
— 15 —

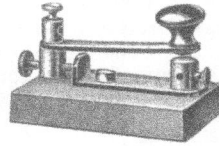

Mechanisches Modell zum Kondensator.
— 16 —

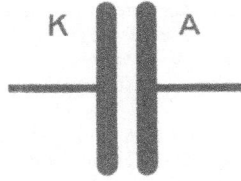

Federtaste.
— 19 —

Abwechselndes Betätigen der
Hähne U und V bewirkt langsames Füllen von K und Ent-
leeren von A.

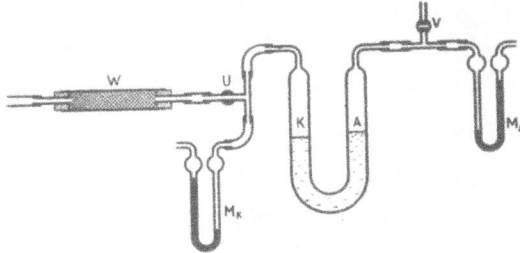

— 17 —

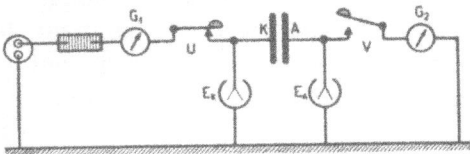

Abwechselndes Betätigen der
Schalter U und V bewirkt langsames „Laden" des Kondensators.

— 18 —

Parallelversuche.

Abbildung 17.
Von der Gasleitung führt ein
Gummischlauch U zu einem T-Stück
mit Hahn, von diesem geht die eine
Leitung nach dem Manometer M$_K$, die

Abbildung 18.
Von der Steckdose führt eine
Leitung über die Federtaste U (Abbildung 19) nach der Kondensatorplatte K. Die andere Hälfte des Kon-

andere nach K. Ebenso verzweigt sich die von A ausgehende Leitung nach dem Manometer M$_A$ und dem Luftmeer. Dieser Zweig läßt sich durch den Hahn V absperren.

Hahn U wird vorübergehend geöffnet.

M$_K$ und M$_A$ schlagen aus.

Darauf wird Hahn V vorübergehend geöffnet.

Der Ausschlag von M$_A$ verschwindet, weil Luft abfließt. Der Ausschlag von M$_K$ geht zurück.

Diese Druckverminderung hat zur Folge, daß beim neuerlichen Öffnen von U wieder Gas zuströmt. Dabei schlägt wieder M$_A$ aus. Wir öffnen wieder V usw.

densators A kann über die Federtaste V mit der Erde verbunden werden. Die Kondensatorplatten sind mit je einem Elektrometer E$_K$ und E$_A$ verbunden.

Taste U wird vorübergehend gedrückt.

E$_K$ und E$_A$ schlagen aus.

Darauf wird Taste V vorübergehend gedrückt.

Der Ausschlag von E$_A$ verschwindet, weil Elektrizität abfließt. Der Ausschlag von E$_K$ geht zurück.

Beim neuerlichen Drücken von U fließt wieder Elektrizität zu, und die Spannung steigt wieder auf 220 Volt. Dabei schlägt wieder E$_A$ aus. Wir drücken wieder V usw.

Dabei werden die Ausschlagsänderungen immer geringer, schließlich hat die Fortsetzung des Verfahrens überhaupt keinen Erfolg mehr.

Was sich hier in einzelnen Schritten vollzogen hat, läßt sich auf einmal herbeiführen, wenn wir

die Hähne U und V gleichzeitig öffnen.   die Tasten U und V gleichzeitig drücken.

Diese Versuche ergänzen wir noch: Um zu zeigen, daß die Platte K nach Heranbringen der geerdeten Platte A aus der 220-Volt-Leitung mehr Elektrizität aufnehmen kann, als ohne die Platte A, verfahren wir so: zunächst entfernen wir A soweit als möglich von K, drücken vorübergehend die Taste U, sodaß E$_K$ 220 Volt anzeigt. Nähern wir jetzt die Platte A, so geht der Ausschlag etwas zurück, noch mehr, wenn wir A erden, und damit wird K fähig, noch weitere Elektrizität aus der Leitung aufzunehmen.

Wenn das Annähern der Platte A auf K eine Spannungsverminderung hervorbringt, so ist zu erwarten, daß beim Entfernen von A die Spannung steigt. Wir nähern also die geerdete Platte A soweit als möglich der Platte K, drücken vorübergehend die Taste U und entfernen A wieder. E$_K$, das vorher 220 Volt zeigte, vergrößert seinen Ausschlag bedeutend. Wenn jetzt U gedrückt wird, fließt Elektrizität aus K in die Leitung zurück.

Unsere hochempfindlichen Galvanometer (Abbildung 3 und 12) erlauben auch, die bei diesen Versuchen auftretenden immer nur kurze Zeit dauernden Ströme — wir nennen sie Stromstöße — nachzuweisen. Das Galvanometer ist nach Abbildung 18 entweder bei G_1 oder bei G_2 einzuschalten. Auch das Zurückfließen der Elektrizität in die Leitung wird durch das Galvanometer bei G_1 angezeigt.

Im Versuch der Abbildung 17 werden U und V geöffnet, bis der Ausschlag von M_K sich nicht mehr ändert, dann wird U geschlossen, V bleibt offen. Danach wird die Verbindung mit der Gasleitung abgenommen. Im Schenkel K steht jetzt das Wasser tiefer als in A.

Im Versuch der Abbildung 18 wurden U und V gedrückt, bis der Ausschlag von E_K nicht mehr wächst und dann wieder losgelassen. Die Verbindung mit der 220-Volt-Leitung wird ersetzt durch eine Leitung nach der Erde.

Der Apparat ist fähig, einen elektrischen Strom zu erzeugen. Wir brauchen nur U und V gleichzeitig zu drücken.

Der Strom läßt sich nachweisen mit einem Galvanometer bei G_1 oder G_2.

Dieser Strom ist verursacht durch den Spannungsunterschied zwischen K und A.

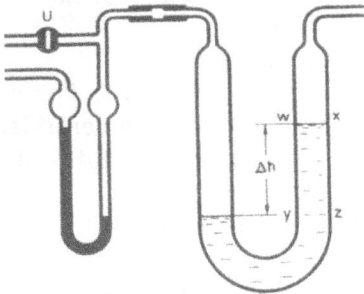

Beim Öffnen von U entsteht ein Luftstrom.

— 20 —

Änderung des Dielektrikums.
Elektroskop nach Bd. I, Abb. 87.

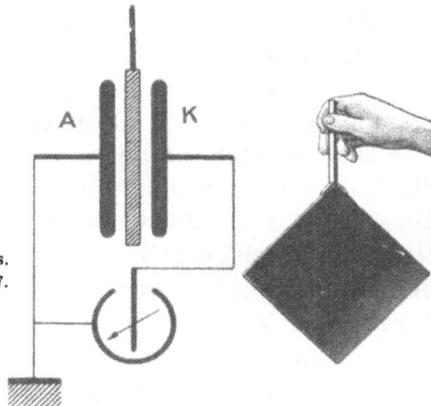

— 21 —

In diesem Zustand ist der Apparat fähig, einen Strom zu erzeugen. Wir brauchen nur U zu öffnen (Abb. 20).

Dieser Strom ist verursacht durch den Druckunterschied zwischen K und A. Dieser Druckunterschied hat selbst wie-

Es ist zu untersuchen, ob das Dielektrikum zwischen K und A Einfluß hat auf den Spannungsunterschied zwischen K und A. Wir schalten nach Abbildung 21. K ist durch Berührung

der seine Ursache in dem verschiedenen Stand der Flüssigkeit in K und A. Er ist gleich dem Produkt aus dem Höhenunterschied Δh der beiden Oberflächen und dem spezifischen Gewicht s der Flüssigkeit $\Delta P = \Delta h \cdot s$ (Abb. 20).

Nähme s ab, während Δh unverändert bliebe, so ginge der Druckunterschied zwischen K und A zurück. Die Druckdifferenz zwischen K und A ist also abhängig von der Art des Stoffes, der K und A trennt.

Ersetzen wir in der U-Röhre das Wasser durch Alkohol, so nimmt K bei Verbindung mit der Gasleitung mehr Gas auf als vorher.

mit der städtischen Leitung auf die Spannung von 220 Volt gebracht. Wir bringen zwischen K und A eine Paraffinplatte und beobachten an E_K, daß die Spannung zwischen K und A zurückgeht. Beim Herausziehen der Platte steigt die Spannung wieder auf ihren alten Wert. Damit haben wir gezeigt, daß das Dielektrikum Bedeutung hat für die Spannungsverhältnisse des Kondensators. Wir können aber weiter schließen: Ist durch Einschieben der Paraffinplatte die Spannung gesunken, so hat K dadurch die Fähigkeit gewonnen, aus der 220 - Volt - Leitung weitere Elektrizität aufzunehmen.

Wir stellen noch einmal die beobachteten Vorgänge zusammen:

Wird K mit der städtischen Leitung verbunden, so entsteht in seiner Umgebung ein elektrisches Feld.

In diesem Feld bekommt A Spannung.

Von A fließt Elektrizität nach der Erde ab. Dadurch bekommt A Eigenunter($+$)spannung, und diese gibt mit der aufgedrückten Spannung die Gesamtspannung Null. A wirkt zurück auf K und drückt die Spannung von K herab.

Jetzt nimmt K wieder Elektrizität aus der Leitung.

Die Spannung von A steigt wieder usw.

Der Vorgang nimmt ein Ende damit, daß auf K die Spannung der Leitung, auf A die Spannung Null herrscht.

Die Anwesenheit der geerdeten Platte A gibt der Platte K die Fähigkeit, wesentlich mehr Elektrizität bis zur Erreichung einer gegebenen Spannung aufzunehmen. Daher kommt der Name „Elektrizitätsverdichter" oder „Kondensator". Ganz allgemein besteht ein Kondensator aus zwei Leitern, die durch einen Isolator voneinander getrennt sind. Besteht zwischen den beiden Leitern eine Spannungsdifferenz, so heißt der Kondensator „geladen".

Die älteste Form des Kondensators ist die Leidener Flasche (Abbildung 22). Dielektrikum ist Glas in Form eines großen Bechers. Die Platten K und A sind umgeformt in Stanniolbelege, der eine befindet sich auf der Innen-, der andere auf der Außenseite der Glaswand. Eine neuere Form zeigt Abbildung 23. Blockkondensatoren bestehen aus Scheiben aus Metallfolie und

Glimmer (Glas, paraffiniertes Papier). Diese sind abwechselnd aufeinandergeschichtet. Die ungeradzahligen Leiter sind untereinander verbunden, ebenso die geradzahligen (Abbildung 25, 26, 27).

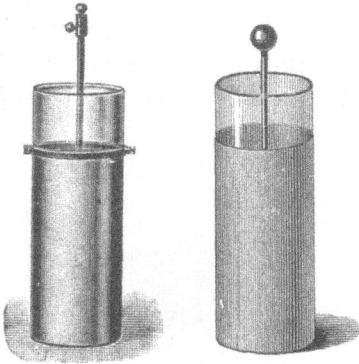

Flaschenkondensator.
— 22 —

Neue Form des Flaschenkondensators.
— 23 —

Drehkondensator.
— 24 —

Schaltung im Blockkondensator.
— 25 —

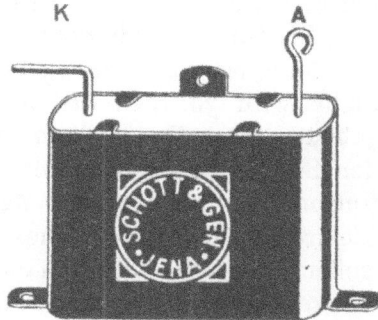

Blockkondensator mit Glas als Dielektrikum.
— 26 —

Die sogenannten Wickelkondensatoren bestehen aus zwei langen Stanniolstreifen, diese sind durch Streifen aus paraffiniertem Papier voneinander getrennt, dann ist das Ganze aufgewickelt und in einen Becher in Paraffin eingegossen (Abbildung 28).

Die festen Dielektrika, Glas, Paraffin, Glimmer und dergleichen haben gegen Luft den Vorteil, daß bei ihnen die Aufnahmefähigkeit der Hälfte K größer ist, dann aber vertragen sie auch größere Spannung ohne „durchzuschlagen".

„Minos"-Blockkondensator mit Glas als Dielektrikum.   Wickelkondensatoren.

— 27 —   — 28 —

In den Rundfunkempfängern befinden sich neben Wickel- und Blockkondensatoren sogenannte Drehkondensatoren (Abbildung 24). Bei ihnen läßt sich der eine Plattensatz aus dem anderen herausdrehen. Dielektrikum ist meist Luft. Die handelsüblichen Modelle sind für unsere Versuche nur selten brauchbar, da die Isolation zwischen den beiden Plattensätzen meist nicht genügt. Um den Versuch auf Seite 12 ganz unten auf eine andere Art zu wiederholen, müssen wir einen Drehkondensator benutzen, bei dem der eine Plattensatz durch Bernsteinisolatoren gehalten wird.

Auch das Elektroskop stellt einen Kondensator dar. Seine eine Platte wird von dem Gehäuse, seine andere von den Blättchen gebildet. Das Dielektrikum wird dargestellt durch die Luft und den Stopfen, durch den der Blättchenträger hindurchgeführt ist. Entsprechend ist auch das Manometer, das wir in Parallele zum Elektroskop setzen, ein kleines Kondensatormodell. Aber auch jeder isolierte Körper bildet schon die eine Hälfte eines Kondensators, die andere Hälfte kann irgend ein anderer Körper sein, die Erde oder die Zimmerwände; Dielektrikum ist die Luft und der Isolator, der jenen Körper trägt.

Ergänzende Versuche. Wir verbinden eine isolierte Kugel (Abbildung 29) mit einem Elektroskop und vorübergehend mit der 220-Volt-Leitung. Wenn wir jetzt die Hand nähern, ohne zu berühren, sinkt die Spannung. Oder wir nähern der Kugel die Hand, während sie mit der Leitung in Verbindung ist. Dann trennen wir die Leitung ab. Beim Entfernen der Hand steigt die Spannung auf über 220 Volt. Die Hand hat die Rolle der Platte A übernommen.

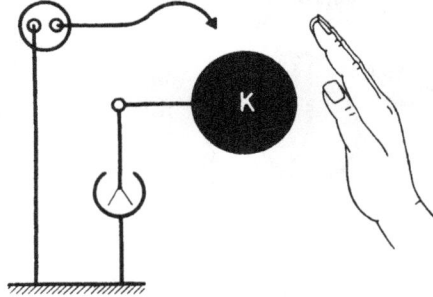

Die Spannung auf K sinkt beim Nähern der Hand und steigt beim Entfernen.

— 29 —

Die Kugel A verbinden wir über ein Glimmröhrchen mit der Erde. Die Kugel K laden wir mit der rotierenden Pumpe bis zu hoher Spannung auf. Dann nähern wir K der Kugel A, entfernen es wieder und so fort. Bei jedem Nähern und jedem Entfernen leuchtet das Glimmröhrchen auf. Wir haben eine ganz einfache Wechselstrompumpe. Dabei ändert sich die Eigenladung von K überhaupt nicht.

§ 7. Elektrische Feldlinien.

Magnetische Feldlinien lassen sich mittels Eisenfeilspänen sehr schön darstellen (vergl. Band I, Abbildungen 29, 30, 31, 33, 36, 39). Wir geben im Folgenden ein Verfahren, durch das sich elektrische Feldlinien nicht minder zuverlässig zeigen lassen:

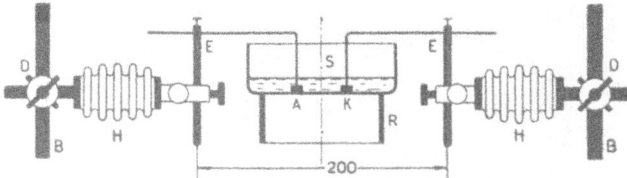

Aufbauteile zur Darstellung elektrischer Feldlinien. S Schale mit ebenem Boden, darin Rizinusöl mit Weizengrieß, H Isolatoren, E Elektrodenträger, K und A Elektroden an rechtwinklig gebogenen Drähten, R isolierender Ring.

— 30 —

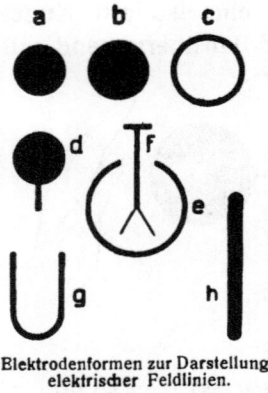

Elektrodenformen zur Darstellung elektrischer Feldlinien.
— 31 —

In eine feuerfest gekittete Projektionsschale mit planparallelem Boden kommt eine etwa 0,5 cm hohe Schicht Rizinusöl (Abbildung 30). Dahinein sieben wir feinsten Weizengrieß und bringen die Grießkörner durch Umrühren mit einem Pinsel zum Untersinken. Zur Darstellung der Kondensatorhälften dienen Elektroden nach Abbildung 31 a bis h. Diese sind aus 0,2 cm dickem Kupfer- oder Messingblech geschnitten und tragen einen Draht, der zunächst senkrecht zur Zeichnung steht und dann rechtwinklig umgebogen ist. Diese Drähte werden in die Elektrodenhalter E

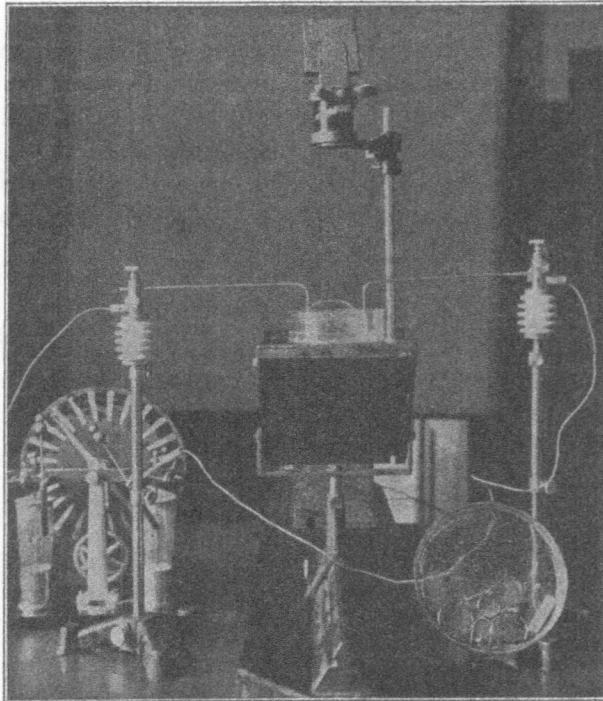

Anordnung zur Projektion elektrischer Feldlinien.
— 32 —

(Abbildung 30) eingeschraubt, und diese selbst werden von isolierenden Stielklemmen H getragen, die mit zwei Doppelmuffen D an Bunsenstativen B festgeklemmt sind. So paßt das Ganze auf jede Einrichtung zur Projektion waagerechter Gegenstände (Abbildung 32 und 33).

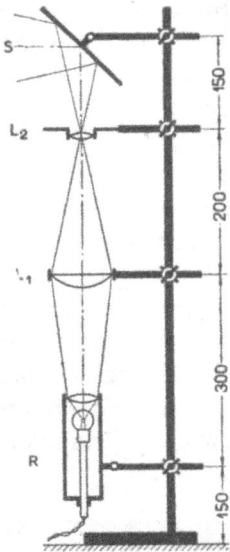

Vereinfachte Anordnung zur Projektion elektrischer Feldlinien. Reuterlampe R, Kondensor L 1, Projektionsobjektiv L 2, Spiegel S

— 33 —

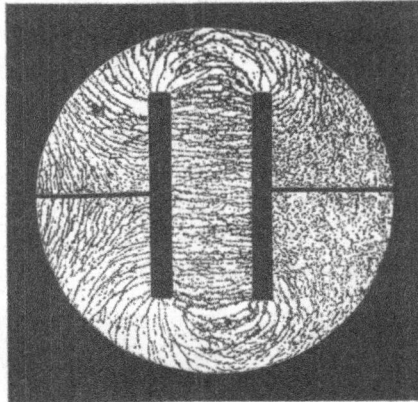

Feldlinienbild des Plattenkondensators.

— 34 —

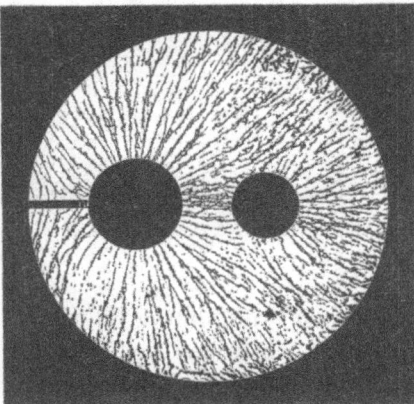

Isolierte Kugel im Feld einer geladenen. Feldlinienbild zum Versuch der Abbildung 13 vor Erdung von A.

— 35 —

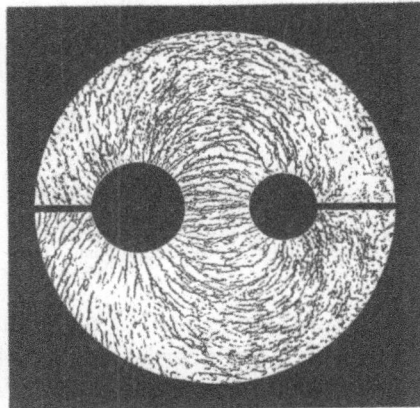

Geerdete Kugel im Feld einer geladenen. Feldlinienbild zum Versuch der Abbildung 13 nach Erdung von A.

— 36 —

2*

Zur Darstellung eines zweidimensionalen Schnitts durch den
Plattenkondensator der Abbildung 14 benutzen wir zwei gleiche
Elektroden h. Zwischen ihnen erzeugen wir mittels einer rotierenden
Elektrizitätspumpe einen Spannungsunterschied von mehreren
Tausend Volt. Dann ordnen sich die Grießkörner zu Feldlinien,
und wir erhalten ein Feldlinienbild, wie es in Abbildung 34 dargestellt ist. Zwischen den beiden Platten laufen die Feldlinien
parallel, dort ist das Feld homogen. Um ein inhomogenes Feld
darzustellen, benutzen wir die Elektroden a und h und erhalten
so einen Querschnitt durch das Feld zwischen einer Kugel und
einer Platte. Das Feld zwischen zwei Kugeln stellt Abbildung 35,
das zwischen einer isolierten Kugel und Erde Abbildung 40 dar.
Die Abbildungen 37 und 38 zeigen den Verlauf der Feldlinien
in zwei Elektroskopen, in Abbildung 39 sehen wir die Feldlinien
im Flaschenkondensator.

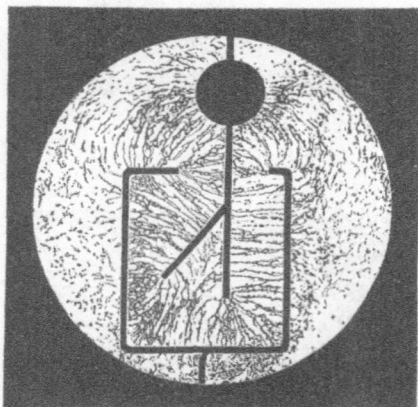

Feldlinienbild des Elektroskopes mit einem
Blättchen (Band I, Abbildungen 7 und 78).
— 37 —

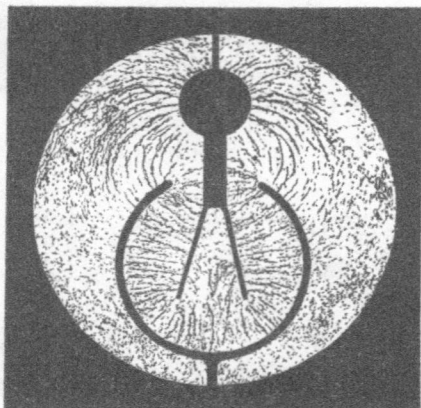

Feldlinienbild des Elektroskopes mit zwei
Blättchen.
— 38 —

Ganz anders sieht das Feldlinienbild der Abbildung 36 aus,
wenn A nicht geerdet ist, in Abbildung 35 treten auf der K zugewandten Seite Feldlinien in A ein, auf der abgewandten Seite
treten diese Feldlinien aus A aus, und laufen weiter.

Für die Feldlinien setzen wir auch eine Richtung fest — darin
liegt aber eine Willkür —, wir wollen annehmen, die Feldlinien

gehen vom Leiter mit Über(—)spannung hinüber zum Leiter mit geringerer Spannung, also in der Richtung, in der sich die Elektronen bewegten, wenn die Feldlinien leiteten.

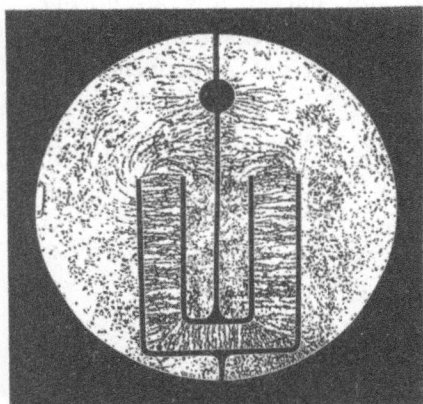

Feldlinienbild der Leidener Flasche.
— 39 —

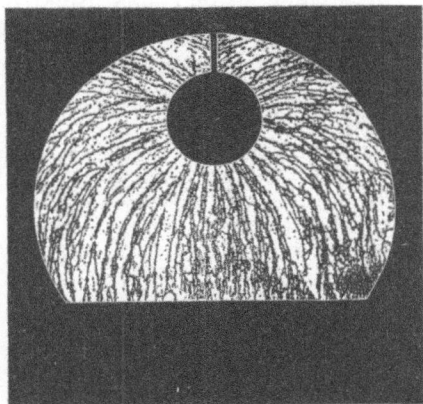

Feldlinienbild zwischen einer geladenen Kugel und der Erde.
— 40 —

§ 8. Die Enden der Feldlinien.

In der Abbildung 41 sei die Platte K des Kondensators (Abbildung 14) über einen hochohmigen Leiter mit der 220-Volt-Leitung verbunden, die andere sei geerdet. Nach § 6 tritt dann auf K eine Anhäufung von Elektronen auf, während aus A Elektronen auswandern, sodaß also auf A Lücken in der Elektrizitätsverteilung auftreten müssen. Wir fragen zunächst: Wo auf K sitzen die zugeflossenen Elektronen?

Zur Untersuchung dient ein „Elektrizitätslöffel", eine etwa handtellergroße Metallscheibe an isolierendem Stiel. (In Abbildung 42 sind zwei solcher Löffel dargestellt, daneben der isolierende Stiel, auf den sich die Platten nach Entfernen der Probekugel aufschrauben lassen.) Zunächst bringen wir den Löffel in Berührung mit der A abgewandten Seite von K und berühren dann mit dem Löffel den Knopf des Elektroskops. Dieses zeigt an, daß auf dem Löffel ein Überschuß an Elektronen vorhanden ist. Dann führen wir den Löffel in das Feld zwischen den Platten ein und bringen ihn in möglichst innige Berührung mit K. Wir führen ihn zunächst in der Richtung der Feldlinien und dann senkrecht zu den Feldlinien aus dem Feld heraus zum Elektroskop. Wir heben gewissermaßen die oberste Schicht der Platte K ab. Jetzt schlägt das Elektroskop viel stärker aus als vorher. Wir können also schließen, daß auf der Innenseite von K die Elektronen wesentlich dichter sitzen als auf der Außenseite.

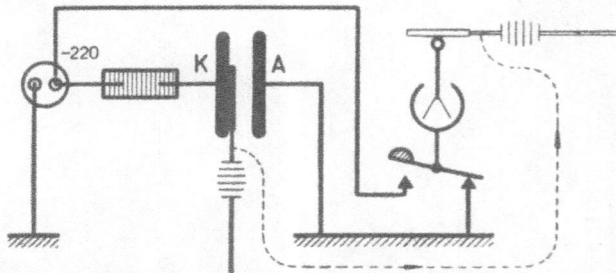

Feststellung der Elektrizitätsverteilung im geladenen Kondensator.

– 41 –

Ebenso untersuchen wir die Platte A. Die Außenseite von A gibt dem Löffel keine Spannung, dagegen schlägt das Elektroskop wieder stark aus, wenn wir es mit dem Löffel berühren, den wir von der Innenseite von A abgehoben haben. Durch

Rechts zwei „Elektrizitätslöffel", die sich auf den isolierenden Stiel an Stelle der Probekugel aufschrauben lassen.

– 42 –

Drücken der Morsetaste können wir feststellen (vergl. Band I, Abbildung 77), daß jetzt auf dem Löffel Unter(+)spannung herrscht, daß er also im Kondensatorfeld Elektronen abgegeben hat. Die gesuchten Lücken sitzen also dort, wo die Feldlinien endigen. Damit bekommen wir von der Elektronenverteilung im „geladenen" Kondensator ein Bild, das ganz grob in Abbildung 44 dargestellt ist. Ihr entspricht im Parallelversuch die Abbildung 43.

Anmerkung zum Versuch der Abbildung 41: Die beim Wegnehmen des Löffels von K mitgenommenen Elektronen werden sofort wieder aus der Leitung ergänzt. Das können wir zeigen, wenn wir zwischen Leitung und K das hochempfindliche Galvanometer der Abbildung 12 einschalten. Ebenso bilden sich die Lücken wieder; daß beim Wegnehmen des Löffels von A wieder Elektronen nach der Erde fließen, zeigt das gleiche zwischen A und Erde geschaltete In-

strument. Bei diesen Versuchen ist jedoch größte Vorsicht erforderlich, damit
durch den Löffel keine leitende Verbindung zwischen K und A hergestellt wird.
Auf keinen Fall darf ein Leiter von einigen Megohm zwischen Steckdose und
K vergessen werden. Der Versuch gelingt bei höherer Spannung auch mit
dem Galvanometer der Abbildung 3; statt der Steckbuchsen der städtischen
Leitung dienen die Klemmen eines geladenen Kondensators nach Abbildung 27.

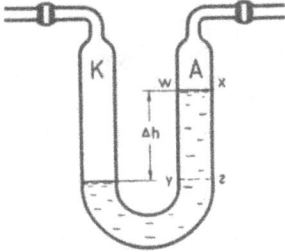

Parallelversuch zur Abbildung 44. K und A
sind von der Leitung getrennt. Die gehobene
Flüssigkeitssäule wy−zx zeigt nur den Druckunterschied an.

−43−

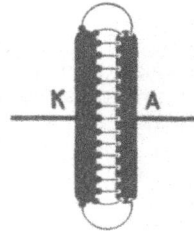

Elektrisches Feld im Innern eines geladenen
Kondensators. Elektronenüberschuß auf K,
Elektronenlücken auf A. Zwischen den beiden
Platten besteht ein Spannungsunterschied.

−44−

Den gleichen Zustand auf dem Kondensator können wir auch
so herbeiführen: Wir verbinden K mit der Erde, A mit der
+ 220-Volt-Leitung, dann werden aus A Elektronen herausgezogen.
Es bilden sich die Lücken auf A, auf K wandern aus der Erde
Elektronen ein und sammeln sich auf der Innenseite an, sodaß
wir nach Wegnahme der Zuleitungen wieder das Bild der Abbildung 44 haben. Geradeso können wir im Parallelversuch den
in Abbildung 43 dargestellten Zustand durch Saugen bei A und
Schließen der Hähne herbeiführen.

Wir können daher der Abbildung
43 nicht ansehen, welcher Art der Druck
in A und K ist, offenkundig ist nur
der Druckunterschied. Öffnen wir den
Hahn von K, so herrscht danach in K
Normaldruck, in A Unterdruck. Öffnen
wir nur den Hahn von A, so herrscht
danach in A Normaldruck, in K Überdruck.

Daraus, daß der Kondensator der
Abbildung 44 geladen ist, können wir
noch keinen Schluß auf die Art der
Spannung ziehen. Sicher ist nur der
Spannungsunterschied zwischen den
beiden Platten. Erden wir K, so bekommt K die Spannung Null, A Unter-
(+)spannung. Erden wir A, so bekommt
A die Spannung Null, K Über(—)-
spannung. Das zeigen wir mit dem Kondensator der Abbildung 26. Wir fassen
ihn am Gehäuse und berühren mit
einem Finger das eine herausragende
Drahtende A, mit dem freien Ende K
die — 220-Volt-Leitung; der Kon-

Öffnen wir im Versuch der Abbildung 43 beide Hähne gleichzeitig nach
dem Luftmeer, oder verbinden wir K
und A durch einen Gummischlauch und
öffnen dann die Hähne, so verschwindet
der Druckunterschied.

densator lädt sich. In Berührung mit
K (Abbildung 45) zeigt jetzt das Elektroskop Über(—)spannung an, in Berührung mit A unter gleichzeitiger
Erdung von K Unter(+)spannung (Abbildung 46). Nur dürfen wir nicht A
und K gleichzeitig mit der Hand berühren.

Verbinden wir im Versuch der Abbildung 44 K und A mit der Erde oder
untereinander, so fließen aus K Elektronen ab, auf A strömen Elektronen
zu, das elektrische Feld verschwindet.

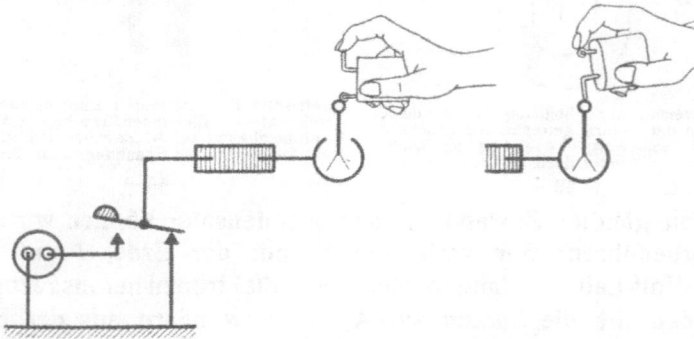

Beim Drücken der Taste nähern sich die Blättchen
einander.
— 45 —

Beim Drücken der Taste spreizen sich
die Blättchen stärker.
— 46 —

Man sagt auch: „Das elektrische Feld bricht zusammen".
Während des Zusammenbrechens fließt ein elektrischer Strom.
Noch sinnfälliger läßt sich dies so zeigen: Abbildung 47. Auf
einem Isolierschemel steht eine große Leidener Flasche, ihr Innen-
beleg K wird mit einer großen Elektrizitätspumpe (Influenzmaschine)
verbunden und bei geerdetem A auf hohe Spannung gebracht.
Dann wird zuerst die Erdleitung entfernt und K vorübergehend
geerdet. Jetzt können wir A gefahrlos angreifen, da es ja die
Spannung Null hat. Wir trennen K von der Pumpe. Nähern
wir den Finger A, so springt ein kleines Fünkchen über, danach
läßt sich wieder aus K ein kleiner Funke ziehen u.s.f. Daß damit aber das Feld noch nicht verschwunden ist, zeigen wir, indem
wir an A einen Draht befestigen und diesen mit seinem andern
Ende dem Knopf nähern. Es entsteht ein hell leuchtender Knall-

funken, während das Feld in der Glaswand zusammenbricht. Man muß sich also hüten, K und A gleichzeitig zu berühren.

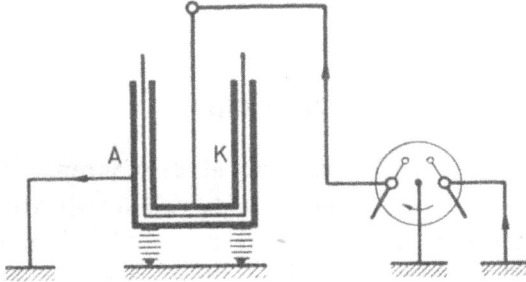

Leidener Flasche auf Isolierschemel während des Ladens.
— 47 —

Zerlegbare Leidener Flasche.
— 48 —

Wir stellen noch einmal zusammenfassend fest: Entstehen und Vergehen eines elektrischen Feldes war bei unseren Versuchen aufs Engste mit dem Fließen eines elektrischen Stromes verknüpft. Das Bestehen des Feldes bedingte einen Spannungsunterschied zwischen den Leitern, die das Feld begrenzen. Wir zeigen noch einmal durch zwei Versuche, wie wichtig beim Kondensator die Vorgänge im Dielektrikum sind. Eine kleine Kochflasche füllen wir nicht ganz voll mit Wasser und stecken in dieses einen dicken Draht, der oben herausragt. Während wir die Flasche in der Hand halten, führen wir dem Wasser Elektrizität zu (Influenzmaschine). Dann stellen wir die Flasche auf eine Paraffinscheibe. Den Draht können wir jetzt anfassen, ohne viel zu spüren. Wir erhalten aber einen heftigen Schlag, wenn wir die Flasche in die eine Hand nehmen und mit der andern den Draht berühren. Offenbar bestand das elektrische Feld weiter, obwohl wir den Beleg A entfernt hatten. Wir können sogar noch weiter gehen und auch K entfernen. Zur Ausführung des Versuchs benutzen wir die in Abbildung 48 dargestellte zerlegbare Leidener Flasche. Ihre Belege bestehen aus Messingblech in Becherform. Wir laden sie, stellen sie auf eine Paraffinplatte, nehmen zuerst K, dann den Glasbecher heraus. Dann vernichten wir jeden Spannungsunterschied zwischen K und A, indem wir sie zur Berührung bringen. Wenn wir die Flasche wieder zusammensetzen, erweist sie sich geladen.

II. Das Kondensatorgesetz.

§ 9. Elektrizitätsmenge, Maßeinheit und Meßverfahren.

Mit unbestimmten Zahlwörtern „viel, wenig, mehr" Elektrizität kommen wir nicht weiter, an ihre Stelle müssen bestimmte Zahlen treten, d. h. wir müssen die Größe, die diesen Worten zu Grunde liegt, wir nennen sie „Elektrizitätsmenge", zu messen suchen. Solange wir nicht die Elektronen einfach zählen können, sind wir auf eine künstliche Maßeinheit angewiesen. Gewichts- und Hohlmaße versagen. Entsprechend den Betrachtungen des § 19, Bd. I, setzen wir fest: „Die Einheit der Elektrizitätsmenge ist das Coulomb. 1 Coulomb ist die Menge der Elektrizität, die in einer Sekunde durch den Querschnitt des Leiters fließt, wenn in dem Leiter die konstante Stromstärke 1 Ampere herrscht".

Das Meßverfahren beruht auf Amperemeter und Uhr. Wir messen die Anzahl der Ampere und der Sekunden und bilden das Produkt der reinen Zahlen; dieses bekommt die Benennung Coulomb. Für Coulomb sagen wir auch Amperesekunde und deuten damit an, daß die so benannte Zahl entstanden ist als Produkt einer Anzahl Ampere und einer Anzahl Sekunden. Fließt danach t Sekunden lang durch einen Leiter ein Strom der Stärke J Ampere, so geht in dieser Zeit durch jeden Querschnitt die Elektrizitätsmenge $Q = J \cdot t$.

Wir geben eine geometrische Darstellung des Zusammenhangs zwischen Q, J und t, die sich als sehr wertvoll für spätere Betrachtungen erweisen wird. Dazu wählen wir ein Beispiel: Um einen Raum zu erleuchten, muß durch seine Glühlampen ein Strom mit der Stärke 3 Ampere fließen. Welche Elektrizitätsmenge fließt durch die Lampen, wenn diese 7 Sekunden brennen?

Den Vorgang stellen wir graphisch dar (Abbildung 49): Auf der waagerechten Zeitachse entspreche jeder Sekunde 1 cm, auf der senkrechten Stromstärkenachse entspreche jedem Ampere 1 cm.

Der Strom wird zur Zeit 0 ein- und nach 7 Sekunden aus-
geschaltet. Die konstante Stromstärke wird dargestellt durch die
waagerechte Strecke AB von der Länge 7 cm.

Physikalisch bedeutet J · t die Größe der durch die Glühlampen geflossenen Elektrizitätsmenge, geometrisch bedeutet J · t
die Anzahl der cm² des Rechtecks OABC.

Mithin können wir durch Berechnung oder Ausmessung des
Rechtecks OABC die gesuchte Elektrizitätsmenge finden.

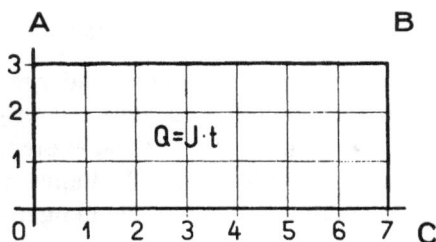

Die Zahlen der senkrechten Achse bedeuten Ampere,
die der waagerechten Sekunden. Die Stromstärke
ist konstant 3 Ampere. In 7 Sekunden fließen
21 As durch den Querschnitt des Leiters.

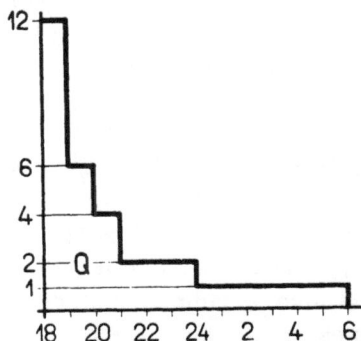

– 49 –

Berechnung der Elektrizitätsmenge Q aus Strom-
stärke und Zeit. Die Zahlen der senkrechten
Achse bedeuten Ampere, die der waagerechten
Uhrzeit. Die Elektrizitätsmenge entspricht dem
Flächeninhalt zwischen den Achsen und dem
treppenförmigen Streckenzug.

– 50 –

Beispiele: In einem Raum brennen 12 große Glühlampen,
durch jede fließt ein Strom von 1 Ampere. Um 18 Uhr werden
die Lampen eingeschaltet, um 19 Uhr werden 6 gelöscht, um 20 Uhr
2, um 21 Uhr 2, um 24 Uhr 1, die letzte brennt bis 6 Uhr. Die
Kurve in Abbildung 50 gibt die Stromstärke, abhängig von der
Zeit, an. Dem Flächeninhalt der durch die Kurve und die Achsen
begrenzten Figur entspricht physikalisch die in den 12 Stunden durch
die Lampen geflossene Elektrizitätsmenge, das sind 34 Ampere-
stunden oder 34 · 3600 = 122400 Amperesekunden oder Coulomb.

Durch den Faden der Glühbirne einer Taschenlampe fließen
innerhalb einer Sekunde etwa 0,3 Coulomb. Die Maschine der
Abbildung 3 müßte über drei Tage im Betrieb sein, um dieselbe
Elektrizitätsmenge durch das Instrument fließen zu lassen.

Wir haben seither zur Messung der Stromstärke ein Dreh-spulinstrument herangezogen. Man könnte statt dessen aber auch an das Silbervoltameter denken. Die Messung der Stromstärke und der Elektrizitätsmenge vollzöge sich so: t Se-kunden fließt ein Strom und schlägt in dieser Zeit die Silber-menge m nieder (Einheit 1 g). Nach § 19 ist dann die Strom-stärke:

$$J = \frac{m}{0,001118 \cdot t} \text{ Ampere.}$$

Nach dem obigen ist die Elektrizitätsmenge, die durch das Volta-meter geflossen ist

$$Q = J \cdot t = \frac{m}{0,001118} = 894,5 \cdot m \text{ Amperesekunden.}$$

Wir brauchen also nur die Anzahl der Gramm des niederge-schlagenen Silbers mit 894,5 zu multiplizieren und erhalten un-mittelbar die Elektrizitätsmenge in Coulomb. t ist herausgefallen, die Uhr ist bei dieser Art der Messung unnötig. Das Voltameter ist also zusammen mit der Waage allein ein Elektrizitätsmengen-messer.

§ 12. Kondensator und Leiter mit hohem Widerstand.

Wir haben im § 6 schon festgestellt, daß beim Laden und Entladen eines Kondensators ein elektrischer Strom fließt. Um die Vorgänge dabei genauer zu untersuchen, verlangsamen wir sie.

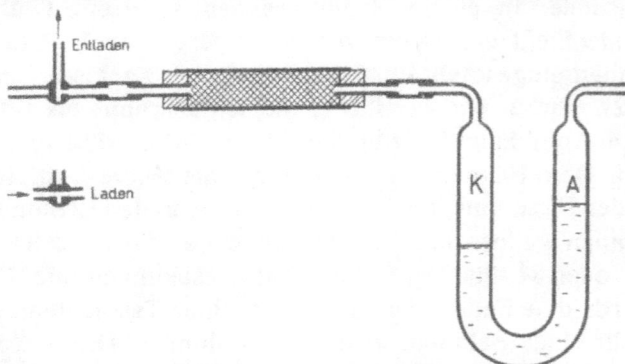

Parallelversuch zu Abbildung 52. Sandrohr nach Band I, § 5, Abbildung 19.

Parallelversuche.

In Abbildung 51 ist die Gasleitung über ein T-Stück mit Dreiweghahn und ein Sandrohr (vergl. Band I, § 5, Abbildung 19) mit dem U-Rohr KA der Abbildung 16 verbunden. Bei der Stellung⊢ des Hahnes steht die Flüssigkeit in K und A gleich hoch. Bekommt der Hahn die Stellung T, so bewegt sich die Flüssigkeit zuerst schnell, dann immer langsamer in die Lage, die dem Gasdruck entspricht. Aus der Bewegung der Flüssigkeit schließen wir, daß die Stromstärke erst groß ist, dann aber allmählich auf Null absinkt, während

In Abbildung 52 ist die 220-Volt-Leitung mit dem einen Kontakt einer Morsetaste verbunden. Vom Hebel führt eine Leitung über das Galvanometer der Abbildung 53 und einen Silitstab von etwa 0,5 Megohm zu einem großen technischen Kondensator (20 μF). Die andere Seite des Kondensators ist geerdet, parallel zum Kondensator ist ein Elektrometer geschaltet, am besten ist das Zweifadenelektrometer der Abbildung 54 geeignet. Vom freien Kontakt der Morsetaste führt eine Leitung zur Erde.

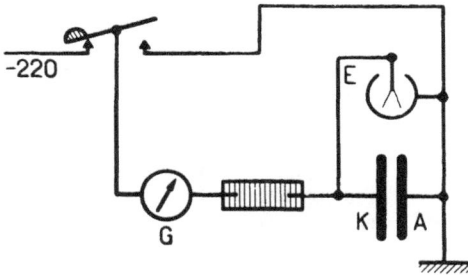

Langsames Laden und Entladen eines Kondensators. ($E = 220$ Volt; $R = 10^6$ Ohm; $C = 20 . 10^{-6}$ Farad (Abbildung 28). Elektroskop nach Abbildung 54, Zeigergalvanometer nach Abbildung 53.
−52−

Das Universal-Drehspulgalvanometer dient auch zur Messung von Elektrizitätsmengen.
−53−

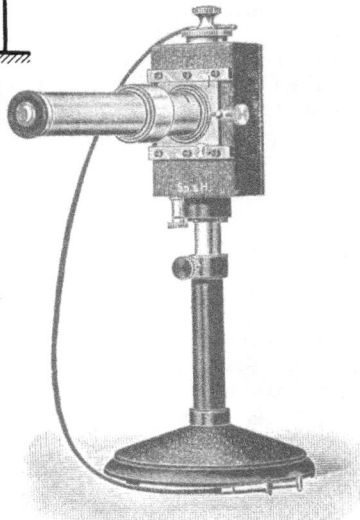

Zweifadenelektrometer, auch zur Projektion geeignet.
−54−

der Druck in K erst schnell, dann immer langsamer auf den Gasdruck steigt. (Wenn wir den Parallelismus vollständig durchführen wollten, müßten wir hier den Stromanzeiger der Abbildung 1 57 und ein Manometer einschalten. Beide ersetzt uns jedoch die U-Röhre, da sich die Vorgänge in·ihr ohne Hilfsinstrumente beobachten lassen.)

Der Hahn bekommt wieder die Strellung ⊢.

Die Flüssigkeitssäule geht zuerst schnell zurück, dann immer langsamer bis in ihre Ruhelage.

Abbildung 55. Es genügt ein T-Stück mit einfachem Hahn. Bei der Stellung „—" strömt das Gas in der oben beschriebenen Weise ein. Bei Stellung „ | " kehrt die Flüssigkeit schnell in ihre Ruhelage zurück (dabei gerät sie in Schwingungen um ihre Nullage).

Im Versuch der Abbildung 57 steigt bei Stellung „—" des Hahns die Flüssigkeit im Schenkel A schnell und macht dabei dieselben eigentümlichen Schwingungen wie oben, diesmal um die Ausschlagslage.

Beim Drücken der Taste schlägt A zuerst aus, der Zeiger geht aber sogleich wieder zurück und kriecht schließlich in seine Nullage. Das Elektrometer setzt sich auch in Bewegung, diese wird immer langsamer, und es dauert mehrere Sekunden, bis der Ausschlag die Größe erreicht, die der Spannung 220 Volt entspricht.

Die Morsetaste wird wieder losgelassen.

Das Galvanometer schlägt nach der andern Seite aus, der Ausschlag verschwindet wieder, zuerst bewegt sich der Zeiger schnell, dann langsam auf seine Nullage zu. Ebenso sinkt der Ausschlag des Elektrometers auf Null.

Lästig ist das Pendeln des Zeigers bei Beginn eines jeden Versuchs, vermieden wird es durch folgende Versuchsanordnung:

Abbildung 56. Statt der Morsetaste genügt eine einfache Taste (Abbildung 19). Ist diese geschlossen, so zeigt das Galvanometer einen Dauerausschlag, der sich nach dem Ohmschen Gesetz ergibt. Das Elektrometer zeigt die Spannung Null an. Erst beim Öffnen der Taste geht der Ausschlag des Galvanometers zurück, während der des Elektrometers in der oben beschriebenen Weise auf 220 Volt steigt. Wird die Taste nieder gedrückt, so geht der Zeiger des Galvanometers wieder in Ausschlag; die dabei auftretenden Pendelbewegungen sind mechanisch, nicht elektrisch zu erklären.

Im Versuch der Abbildung 58 gehen beide Instrumente beim Drücken der Taste in Ausschlag, beim Loslassen gehen die Ausschläge wie oben beschrieben zurück.

Die drei Versuche zeigen uns, daß elektrische Vorgänge genau wie mechanische unter Umständen recht langsam verlaufen. Im Versuch der Abbildung 52 brauchen Laden und Entladen des

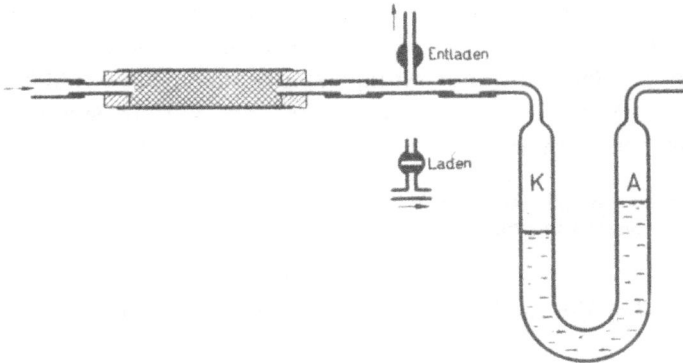

Parallelversuch zu Abbildung 56.

— 55 —

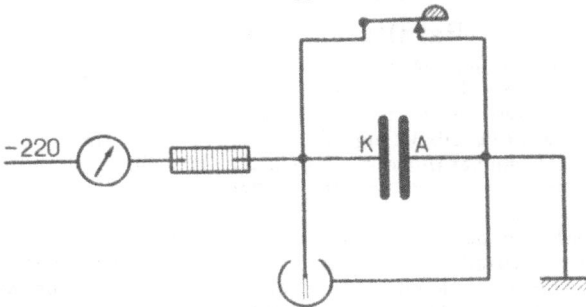

Der Kondensator ist „kurzgeschlossen" und darum ungeladen. Das Galvanometer zeigt einen konstanten Strom an. Beim Loslassen der Taste beginnt das Laden des Kondensators. Der Galvanometerzeiger geht langsam auf Null zurück.

— 56 —

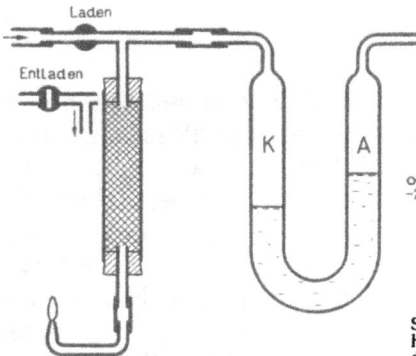

Parallelversuch zu Abbildung 58.

— 57 —

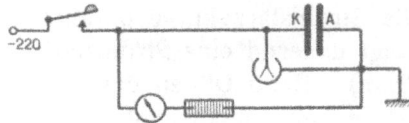

Schnelles Laden, dagegen langsames Entladen über Hochohmwiderstand und Galvanometer. Der Zeiger des Galvanometers steht bei gedrückter Taste in Ausschlag und geht beim Loslassen zurück.

— 58 —

Kondensators geraume Zeit, im Versuch der Abbildung 56 geht das Laden langsam, das Entladen schnell. Im Versuch der Abbildung 58 lädt sich der Kondensator schnell und entlädt sich langsam. Den Grund zu dem langsamen Verlauf sehen wir in dem großen Widerstand des eingeschalteten Leiters.

Ersetzen wir die Sandröhre durch eine gleich lange von größerem Querschnitt,	Ersetzen wir das Silitstäbchen durch ein solches von nur 0,25 Megohm,

so verlaufen die seither langsamen Vorgänge schneller.

§ 11. Spannung, Stromstärke und Elektrizitätsmenge bei der Kondensatorentladung.

Parallelbetrachtungen.

Zwischen der Luftpumpe, wie wir sie in § 9 des ersten Bandes (Abbildung 58) kennengelernt haben und dem Modell, dem U-Rohr der Abbildung 16, besteht ein grundsätzlicher Unterschied. Jene liefert längere Zeit einen Strom gleichbleibender Stärke, da bis kurz vor dem Leerlaufen des oberen Gefäßes der Druckunterschied zwischen A und B unverändert bleibt. Beim Versuch der Abbildung 51 dagegen sinkt, während das vorher eingeströmte Gas wieder ausfließt, der Druck in K und darum auch die Stromstärke, bis sie schließlich Null wird. Druck und Stromstärke ändern sich mit der Zeit.

Ein Akkumulator hält die Stromstärke in einem Stromkreis längere Zeit konstant. Denn seine Spannung bleibt, bevor die chemischen Vorgänge in ihm zum Stillstand kommen, lange unverändert. Beim Kondensator dagegen sinken während des Entladens die Spannung und die Stromstärke. Spannung und Stromstärke erscheinen als Funktionen der Zeit, und es ist unsere nächste Aufgabe, das Absinken der Stromstärke zu untersuchen. Das Ergebnis stellen wir in Kurvenform dar.

Wir benutzen die Schaltung der Abbildung 58 und eine Stoppuhr (Abbildung 59). Solange der Schalter geschlossen ist, läuft die Stromstärkekurve parallel zur Zeitachse. Das Amperemeter zeigt dauernd eine Stromstärke von $2,2 \cdot 10^{-4}$ Ampere ($R = 10^{-6}$ Ohm). Beim Öffnen des Schalters fängt die Kurve an zu fallen. Um einige Anhaltspunkte zu bekommen, verfahren wir so: Wir bringen bei geschlossenem Schalter eine Hemmung H mit einer unelastischen Stoffauflage so an den Zeiger heran, daß dieser etwa $1 \cdot 10^{-4}$ Ampere anzeigt (Abbildung 60). Dann öffnen wir den Schalter und drücken gleichzeitig die Stoppuhr. In dem Augenblick, wo sich der Zeiger von H ablöst, stoppen wir die Uhr. Lesen wir 15 Sekunden ab, so haben wir als zusammengehörige Werte 15 Sekunden und $1 . 10^{-4}$ Ampere und bekommen damit einen Punkt für die Kurve. Das Verfahren ist zwar nicht genau, aber es genügt hier vollkommen; es kommt uns nur darauf an, den Verlauf der Kurve ganz allgemein zu beschreiben. Wie lange der Entladungsvorgang im ganzen dauert, ist besonders schwer abzuschätzen, da der Zeiger zuletzt ganz langsam kriecht. So erhalten wir eine Kurve aus mehreren Punkten, die im großen und ganzen etwa aussieht, wie die Kurve der Abbildung 61. Gegen Ende des Versuchs läßt sich bei der geringen Zeigergeschwindigkeit die Hemmung H entbehren.

¹/50 Sekunden-Stoppuhr. (Im Innern der Uhr befindet sich ein Schalter. Der erste Druck setzt den Zeiger in Bewegung und schließt den Schalter, der zweite hält den Zeiger an und öffnet den Schalter, der dritte läßt den Zeiger zurückspringen.)

— 59 —

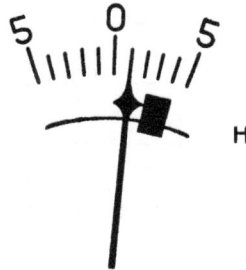

Gehemmtes Galvanometer.

— 60 —

Der Versuch wird sodann wiederholt, alles bleibt, nur der Widerstand wird halb so groß gemacht. Die Kurve ist in Abbildung 62 dargestellt. Die Anfangsstromstärke ist doppelt so groß, dafür sinkt die Kurve viel schneller ab, die Entladung ist etwa in der halben Zeit beendet.

Die Kurven geben auch zugleich die Änderung der Spannung, wir brauchen ja nur die Werte für die Stromstärke mit dem Widerstand zu multiplizieren.

Wir kommen zur Errechnung der Elektrizitätsmenge.

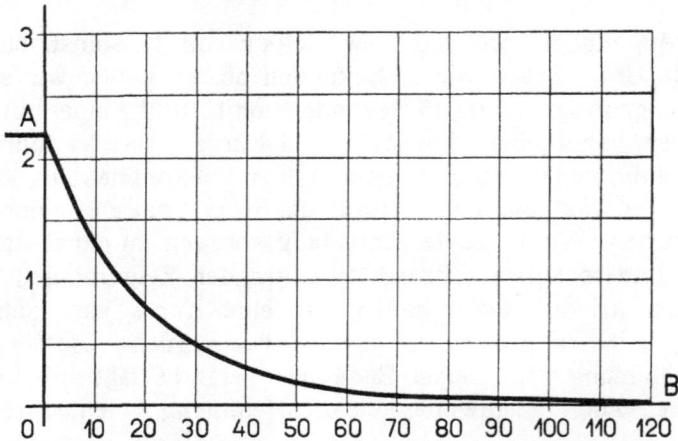

Stromstärke bei der Entladung eines Kondensators in Abhängigkeit von der Zeit. E = 220 Volt; R = 10⁶ Ohm; C = 20 . 10⁶ Farad. Die Zahlen auf der senkrechten Achse bedeuten 10⁻⁴ Ampere, die auf der waagerechten Achse Sekunden. Die Anfangsstromstärke bei A beträgt 2,2 . 10⁻⁴ Ampere.

— 61 —

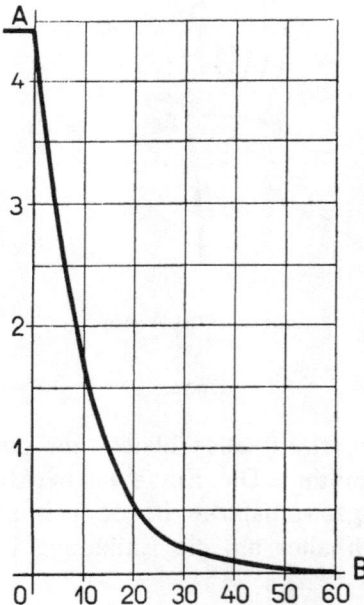

Stromstärke bei der Entladung eines Kondensators. Daten wie in Abbildung 61, nur ist R = 5 . 10⁵ Ohm, darum ist die Anfangsstärke doppelt, die Entladungszeit halb so groß.

— 62 —

In Abbildung 63 teilen wir die Zeitstrecke O B ein in n Teile t_1, t_2, t_3, ... t_n. In den Teilpunkten errichten wir die Lote auf der Zeitachse bis zur Kurve. Durch diese wird das von den Achsen und der Kurve begrenzte Flächenstück AOB in angenähert trapezförmige Stücke zerlegt. Jedes Trapez ersetzen wir durch ein Rechteck von nahezu demselben Flächeninhalt. Die Höhen dieser Rechtecke seien: i_1, i_2, i_3, ... i_n. Die Anschauung sagt uns: Lassen wir n, die Anzahl der Teile von OB, größer werden, gleichzeitig die Breite jedes einzelnen Rechtecks immer kleiner, so nähert sich das von OA, OB und der „Treppe" begrenzte Flächenstück in seinem Inhalt mehr und mehr dem Flächenstück zwischen Achsen und Kurve. Das in aller Strenge zu beweisen, ist Sache der Mathematik. Analytisch heißt das: die Summe $i_1 \cdot t_1 + i_2 \cdot t_2 + i_3 \cdot t_3 \ldots \ldots + i_n \cdot t_n$ nähert sich einem bestimmten Grenzwert S, wenn die t sich der Null nähern und gleichzeitig ihre Anzahl über alle Grenzen wächst. Jeder der obigen Summanden stellt geometrisch einen Flächeninhalt dar, und S bedeutet den Inhalt der Fläche OAB. Physikalisch ist jeder Summand das Produkt aus einer Stromstärke und einer kleinen Zeit. Ein solches Produkt bedeutet nach § 9 eine Elektrizitätsmenge, und die Summe all dieser Elektrizitätsmengen ist eben die Elektrizitätsmenge, die aus dem Kondensator bei der Entladung auf der einen Seite abfließt. S nennen wir die Zeitsumme der Stromstärke. Als Summe von Elektrizitätsmengen bekommt sie die Benennung Amperesekunden oder Coulomb.

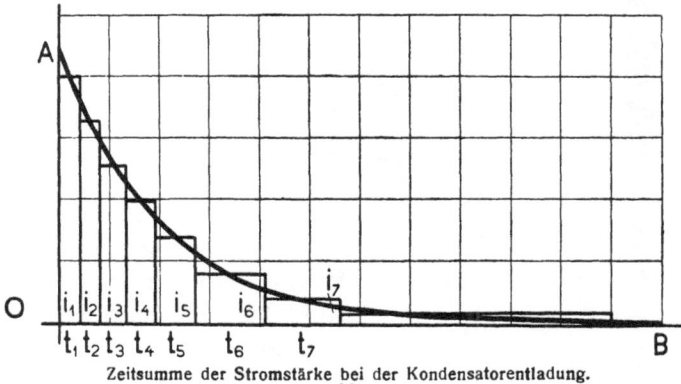

Zeitsumme der Stromstärke bei der Kondensatorentladung.
— 63 —

Daß diese Zeitsumme Mengeneigenschaft hat, zeigt sich unter anderem darin, daß der Flächeninhalt von OAB in Abbildung 61 und 62 derselbe ist. Das läßt sich durch Ausschneiden der beiden Flächen und Gewichtsver-

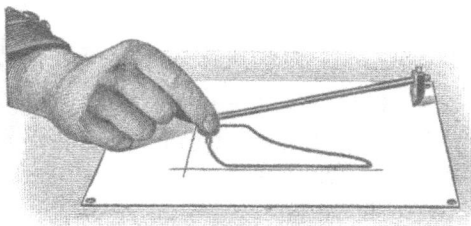

Schneidenplanimeter.
— 64 —

gleichung nachprüfen. Zur Ausmessung der Flächen eignet sich auch das einfache Planimeter der Abbildung 64.

3*

§ 12. Der Stoßausschlag.

Das Verfahren zur Bestimmung einer Elektrizitätsmenge, das wir im letzten Paragraphen entwickelt haben, beruht auf der Konstruktion der Stromstärkekurve und der Ausmessung der Fläche zwischen der Kurve und der Achse. Es ist alles andere mehr als bequem und genau. Wir werden es bald durch ein besseres ersetzen. Wichtig aber ist für uns die Änderung der Kurve beim Übergang von Abbildung 61 zu Abbildung 62. Die Stromstärke, mit der die Kurve beginnt, ist lediglich abhängig von der Spannung und dem Widerstand. Verringern wir den Widerstand, so wird OA (Abbildung 61) größer, da aber die Zeitsumme der Stromstärke oder geometrisch gesprochen der Flächeninhalt von OAB derselbe bleibt, schrumpft die Strecke OB ein, und so entsteht die Abbildung 62. Bei weiterer Herabsetzung des Widerstandes wird OA noch größer, dabei überschreiten wir den Meßbereich des Amperemeters; wie die Kurven aussehen, können wir uns nach dem Vorhergehenden leicht vorstellen. Wenn wir zur Schaltung der Abbildung 65 übergehen, ändert sich an der Art der Entladung nichts. Dagegen stimmt die Zeigerbewegung keineswegs mehr mit der Änderung der Stromstärke überein. Beim Drücken der Taste lädt sich der Kondensator; beim Loslassen setzt die Entladung ein, der Zeiger muß jedoch bei dieser Schaltung erst in Ausschlag gehen, ehe er wieder dem Absinken der Stromstärke folgend zurückgehen kann. Wir beobachten die Zeigerbewegung; Kondensator und Ladespannung bleiben unverändert, nur den Widerstand ändern wir. Die Ladespannung sei 50 Volt.

a) $R = 5 \cdot 10^5$. Der Strom setzt nach dem Ohmschen Gesetz ein mit einer Stärke von 10^{-4} Ampere, die Entladezeit dauert gegen

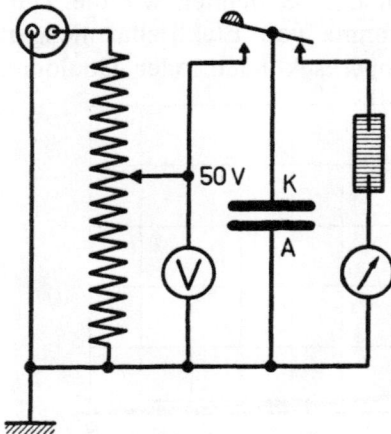

Übergang von der langsamen Kondensatorentladung zu stoßförmigen durch Verkleinerung des Widerstandes. Zuletzt bleibt nur der Widerstand des Galvanometers.

— 65 —

60 Sekunden. Der durch die Drehspule fließende Strom dreht den Zeiger, dieser Bewegung entgegen wirkt die Kraft einer Spiralfeder, die Feder spannt sich während des Ausschlagens. Wenn der Zeiger seinen größten Ausschlag erreicht hat, ist noch ein Strom vorhanden und verhindert, daß der Zeiger wie ein Pendel in seine Ruhelage zurückkehrt. Während der ganzen Bewegung steht der Zeiger unter dem Einfluß des Stromes.

b) $R = 5 . 10^4$ Ohm. Die Anfangsstromstärke steigt auf 10^{-3} Ampere, das Zehnfache des seitherigen Wertes. Dafür wird die Entladungszeit etwa ein Zehntel des früheren Wertes, und der Flächeninhalt von OAB bleibt derselbe. Der Entladungsvorgang spielt sich in der Hauptsache in der Zeit ab, in der der Zeiger in Ausschlag geht. Der Ausschlag wird größer als vorher, dann führt die Federkraft den Zeiger in einem Viertel seiner Eigenschwingungszeit zurück; er erreicht pendelnd die Ruhelage.

c) $R = 5000$ Ohm. Die anfängliche Stromstärke beträgt 10^{-2} Ampere. Die Entladung dauert Bruchteile einer Sekunde. In der kurzen Zeit, während der die Kraft auf das Zeigerpendel wirkt, befindet sich der Zeiger noch in seiner Ruhelage. Er bekommt einen Stoß. Bis wir eine Bewegung beobachten, hat die ablenkende Kraft des Stromes schon längst aufgehört.

d) Von jetzt ab tritt auch bei weiterer Herabsetzung des Widerstandes keine wesentliche Veränderung mehr auf, der „Stoßausschlag" bleibt derselbe. Wir gehen schließlich mit dem Widerstand soweit herunter, wie. wir überhaupt können.

e) Die untere Grenze erreichen wir bei $R = 50$ Ohm, das ist der Widerstand des Instrumentes. Die Anfangsstromstärke beträgt 1 Ampere, die Entladungszeit beträgt einige tausendstel Sekunden. Der Stoß ist jetzt sogar zu hören. Der Ausschlag bleibt derselbe.

Wir halten als Ergebnis fest: Haben wir einmal durch Verkleinerung des Widerstandes die Entladungszeit genügend klein gemacht, so erweist sich der Stoßausschlag unabhängig von der Entladungszeit. Nach den Stoßgesetzen der Mechanik ist die obige Bezeichnung „genügend klein" aufzufassen als „genügend klein im Vergleich mit der Schwingungszeit des Amperemeters".

Bei nicht übermäßig großem Widerstand ist also neben dem Flächeninhalt von OAB und der Elektrizitätsmenge auch der Stoßausschlag des Amperemeters konstant.

Wir zeigen im folgenden, wie das Galvanometer zum Messen von Elektrizitätsmengen mittels Stoßausschlägen dienen kann.

§ 13. Elektrizitätsmenge und Stoßausschlag.

Das Ergebnis des letzten Paragraphen, daß unter leicht zu erfüllenden Voraussetzungen der Stoßausschlag eines Galvanometers nur von der Elektrizitätsmenge und nicht vom Widerstand abhängig ist, benutzen wir im folgenden zu weiteren Versuchen.

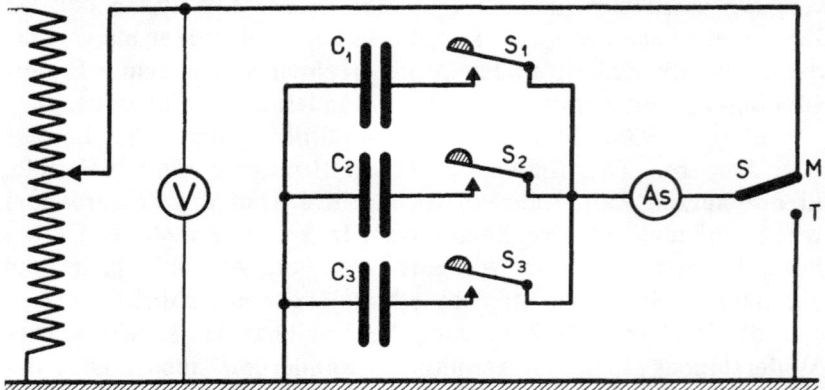

Addition von Elektrizitätsmengen und von Stoßausschlägen.
— 66 —

a) Addition von Elektrizitätsmengen. Die Schaltung zeigt Abbildung 66. Die Morsetaste ist durch einen einfachen Wechselschalter S nach Abbildung 67 ersetzt. Von ihm führt eine Leitung zum Galvanometer A_s (Abbildung 53) und von diesem weiter nach drei Federtasten S_1, S_2, S_3, (Abbildung 19) die nebeneinander auf einem Brett sitzen. An diese sind drei Kondensatoren C_1, C_2, C_3 angeschlossen und andererseits geerdet.

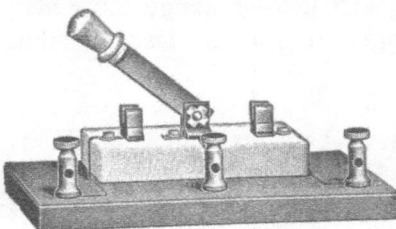

Wechselschalter.
— 67 —

Laden: S auf M.

S_1 wird gedrückt, As macht einen Stoßausschlag α_1 nach links.

S_2 wird gedrückt, As macht einen Stoßausschlag α_2 nach links.

S_3 wird gedrückt, As macht einen Stoßausschlag α_3 nach links.

Jede Taste wird nach dem Stoßausschlag wieder geöffnet.

Entladen: S auf T.

Drücken wir S_1, S_2 und S_3 einzeln, so erhalten wir wieder dieselben Stoßausschläge, diesmal aber nach rechts.

Drücken wir nach neuem Laden S_1, S_2, S_3 gleichzeitig, so zeigt das Galvanometer einen Stoßausschlag α, und es ist

$$\alpha = \alpha_1 + \alpha_2 + \alpha_3.$$

Wir brauchen dabei die drei Tasten nicht einmal genau gleichzeitig zu drücken. Wenn nur das Drücken erfolgt, während sich der Zeiger noch nicht wesentlich aus seiner Nullage entfernt hat, erhalten wir doch denselben Wert α. (Wir können diesen Wert auch beim Laden erhalten, wenn wir die drei Tasten gleichzeitig drücken.)

Die von C_1, C_2 und C_3 aufgenommenen Elektrizitätsmengen seien Q_1, Q_2, Q_3. Es sei weiter

$$Q = Q_1 + Q_2 + Q_3.$$

Wir stellen fest: Ob die Teilmengen Q_1, Q_2, Q_3 in kurzer Zeit (kurz gegen die Schwingungszeit des Zeigers) nacheinander, oder ob ihre Summe Q durch das Galvanometer fließt, der Stoßausschlag ist derselbe, und zwar ist er gleich der Summe der Einzelausschläge. Für den Fall, daß $Q_1 = Q_2 = Q_3$, können wir verallgemeinern: Die n-fache Elektrizitätsmenge bringt den n-fachen Stoßausschlag hervor.

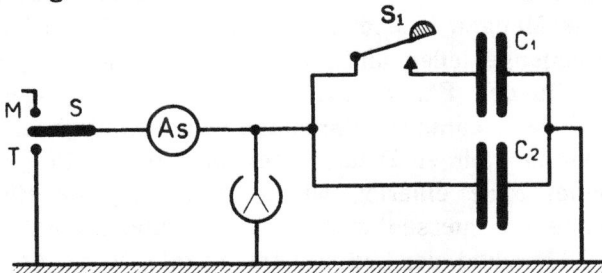

Teilung einer Elektrizitätsmenge. Der Stoßausschlag ist unabhängig von der Spannung.

b) Teilung einer Elektrizitätsmenge. Die Schaltung ergibt sich nach Abbildung 68. S nach M gibt den Stoßausschlag α. Dann kommt S in die Stellung, wie die Abbildung 68 zeigt. S_1 wird gedrückt, die vom Elektrometer angezeigte Spannung geht zurück, die vorher auf C_2 allein befindliche Elektrizitätsmenge Q hat sich auf beide Kondensatoren verteilt. Legen wir S bei gedrücktem S_1 nach T, so fließt Q ab, der Stoßausschlag ist wieder α. Das ist sehr wichtig, denn wir sehen jetzt, daß der Stoßausschlag auch unabhängig von der Spannung ist, die die Elektrizitätsmenge vor dem Abfließen hat.

Daß sich Q auf beide Kondensatoren verteilt hat, können wir so zeigen: S auf M, Stoßausschlag α; S in die Mittellage, S_1 drücken und loslassen. S auf T, Stoßausschlag $α_1$; S_1 wird gedrückt, Stoßausschlag $α_2$. Wir stellen fest

$$α = α_1 + α_2.$$

Sind die beiden Kondensatoren genau gleich, so wird

$$α_1 = α_2 = \frac{α}{2}.$$

Q ist halbiert worden. Ebenso könnten wir mittels eines weiteren gleich großen Kondensators, den wir parallel zu C_1 schalten, Q auch dritteln usw.

§ 14. Eichung des Galvanometers nach Elektrizitätsmengen.

Die beiden letzten Paragraphen haben uns gezeigt: Mittels der Stoßausschläge eines Galvanometers vergleichen wir Elektrizitätsmengen, d. h. Zeitsummen der Stromstärke. Solche Zeitsummen haben Mengeneigenschaft. Elektrizitätsmengen verhalten sich wie die Mengen irgend einer Flüssigkeit. Wir können eine Elektrizitätsmenge teilen und können Elektrizitätsmengen wieder vereinigen. In den Fällen, wo wir bei einer Flüssigkeit durch Addition einen bestimmten Rauminhalt vorausberechnen können, erhalten wir in gleicher Weise einen bestimmten Stoßausschlag. Es ist dabei ganz einerlei, welche Spannung die Elektrizität, deren Menge wir messen wollen, von vornherein hat; es spielt auch der Widerstand der Leitung keine Rolle, wenn er nur nicht so extrem hoch ist, daß die Zeitdauer des Stromstoßes eine bestimmte obere Grenze überschreitet.

Um nun unser Galvanometer nach Amperesekunden zu eichen, brauchen wir nur eine bekannte Elektrizitätsmenge Q durch das Galvanometer zu schicken. Beobachten wir dabei einen Stoßausschlag von α Skalenteilen, so können wir errechnen, welche Elektrizitätsmenge einem Skalenteil entspricht. Die bekannte Elektrizitätsmenge Q bekommen wir, wenn wir t Sekunden lang einen Strom von der Stromstärke J durchs Galvanometer fließen lassen. J ist bestimmt durch Spannung und Widerstand. Etwas schwieriger ist die Aufgabe zu lösen, die Zeit t klein gegen die Eigenschwingungzeit des Instruments zu machen.

Zur Festlegung einer kleinen Stromzeit benutzen wir einen Federmotor, wie ihn heute die Grammophonindustrie in sehr guter Konstruktion billig liefert. Die Umdrehungszeit T ist bei ihm nach den ersten Umdrehungen sehr konstant, etwa in der Größenordnung (siehe unten) von 1 Sekunde. Auf den Plattenteller kommt eine versilberte Messingplatte, diese ist bis auf einen Ausschnitt nach Abbildung 69 mit einer Isolierschicht überzogen.

Platte zum Stromzeitregler.

– 69 –

Der Ausschnitt nimmt ganz außen $\frac{1}{60}$ des zugehörigen Kreisrings ein, die nächste Stufe bedeutet $\frac{1}{30}$ u. s. w. bis zur neunten Stufe, bei der $\frac{1}{4}$ des Kreisringes fehlt. Auf der Platte schleifen zwei vom selben Arm getragene, aber voneinander isolierte Federn. Die eine, die auf dem Vollkreis in der Mitte schleift, hat dauernd Kontakt; die andere m berührt bei jeder Umdrehung das Metall gerade während $\frac{1}{60}$ der gesamten Umdrehungszeit, wenn sie auf dem äußersten Kreisring schleift; wird sie weiter nach innen verschoben, entsprechend länger. Wir schalten (Ab-

bildung 70): Spannungsteiler, Federtaste T, Widerstand R, Metallplatte auf Grammophonteller, Galvanometer nach Abbildung 53,
Erde; dann setzen wir die Platte in Umdrehung. Wir messen
mit der Stoppuhr die Zeit für 20 Umdrehungen und berechnen
daraus die Umdrehungszeit T. Die Stromzeit ist dann $t = \dfrac{T}{60}$.

Drücken wir jetzt die Taste, so bekommt der Zeiger einen Stoß,
während die Lücke unter m vorbeigleitet, und macht einen Stoßausschlag von α Skalenteilen. Bei einem so ausgeführten Versuch betrugen:

ΔE = 52,5 Volt
R = 1000 Ohm, mithin
J = $52,5 . 10^{-3}$ Ampere.
T = 0,88 Sekunden.
t = 0,0147 Sekunden, mithin
Q = $J . t = 7,7 . 10^{-5}$ Amperesekunden oder Coulomb.

Der Stoßausschlag betrug

α = 10 Teilstriche, mithin entsprechen 1 Skalenteil
$0,77 . 10^{-5}$ Coulomb.

Mit der gleichen Schaltung zeigen wir noch einmal ausdrücklich
die Proportionalität von Elektrizitätsmenge und Stoßausschlag.

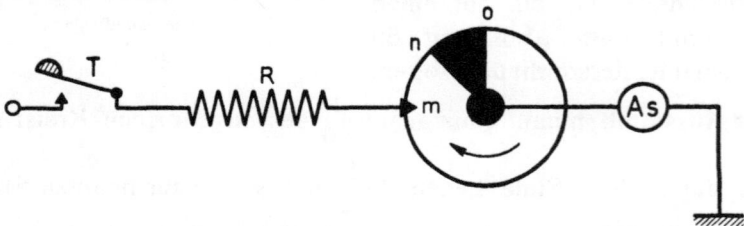

Eichung des Galvanometers nach Amperesekunden. Platte nach Abbildung 69.
— 70 —

Wir verdoppeln R und erhalten den halben Stoßausschlag.
Dieser wird wieder doppelt so groß, wenn wir die Spannung auf
105 Volt oder die Stromzeit durch Verschieben von m nach der
Mitte zu auf das Doppelte steigern.

Das Galvanometer ist jetzt nach Elektrizitätsmengen geeicht,
wir nennen es Coulombmeter und bezeichnen es in unseren Schalt-
skizzen mit einem As, zum Zeichen, daß es Amperesekunden angibt.

Es gibt auch Coulombmeter, die geeicht in den Handel kommen; dann gibt die Gradeinteilung ohne Umrechnung die Elektrizitätsmenge an, so bedeutet z. B. bei einem Instrument, das äußerlich genau aussieht wie das oben benutzte, 1 Skalenteil 10^{-4} Amperesekunden. Bei diesem Instrument ist die Schwingungszeit auf etwa 9 Sekunden heraufgesetzt. Um es nachzuprüfen, genügt die Stoppuhr der Abbildung 59. Sie schließt beim ersten Druck einen im Innern sitzenden Schalter, öffnet ihn wieder beim zweiten Druck und hemmt dabei zugleich den Zeiger. Dabei läßt sich eine Stromzeit bis herab zu 0,2 Sekunden erreichen, die aber bei der großen Schwingungszeit des Zeigers klein genug ist.

Auf die gleiche Art lassen sich hochempfindliche Galvanometer zu Coulombmetern umeichen. Gegebenenfalls muß zu diesem Zweck die Stromstärke durch Spannungsteilung und große Widerstände herabgesetzt werden (Abbildungen 71 und 72). So entspricht bei dem Instrument der Abbildung 3 einem Ausschlag von 1 mm auf einer 1 m vom Spiegelchen entfernten Skala eine Elektrizitätsmenge von $6 \cdot 10^{-9}$ Amperesekunden; die Schwingungsdauer beträgt 3 Sekunden. Unter denselben Bedingungen bedeutet der gleiche Stoßausschlag bei dem höchstempfindlichen Instrument der Abbildung 12 eine Elektrizitätsmenge von $2,6 \cdot 10^{-10}$ Coulomb bei einer Schwingungsdauer von 28 Sekunden.

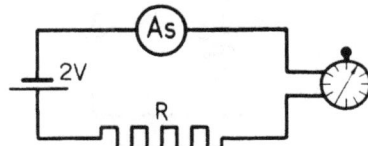

Eichung des Galvanometers der Abbildung 3 nach Amperesekunden. $R = 10^6$ Ohm.

— 71 —

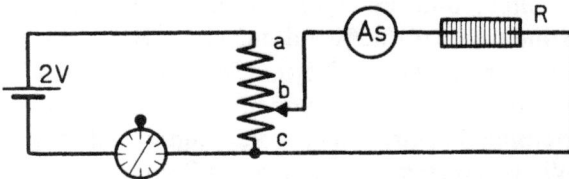

Eichung des Galvanometers der Abbildung 12 nach Amperesekunden; a b = 199 Ohm, b c = 1 Ohm, $R = 10^6$ Ohm.

— 72 —

Damit erhalten wir als neues Meßverfahren für die Elektrizitätsmenge: Der Stoßausschlag des geeichten Coulombmeters gibt die Anzahl der Amperesekunden.

§ 15. Kapazität.

a) Abbildung 73 zeigt die gewohnte Versuchsanordnung zum Laden und Entladen eines großen Kondensators. Die Ladespannung, die von dem Voltmeter V und dem Elektrometer E angezeigt wird, läßt sich mit Hilfe eines Spannungsteilers verändern. Beim Drücken der Morsetaste meldet das Coulombmeter As (Abbildung 53) durch einen Stoßausschlag das Fließen einer Elektrizitätsmenge Q.

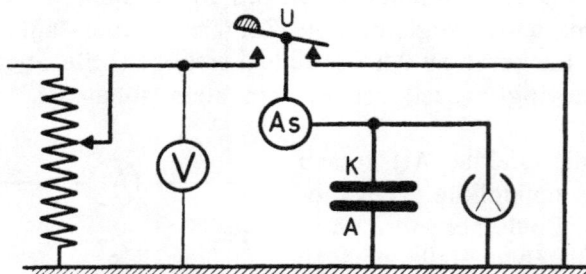

Stoßausschlag beim Laden und Entladen eines Kondensators.

−73−

Wir erhalten denselben Ausschlag, wenn wir nach Abbildung 74 schalten, und schließen daraus: Beim Laden oder Entladen eines Kondensators fließt auf der einen Seite soviel Elektrizität ab, wie auf der andern zufließt. Die Schaltungen 73 und 74 sind also gleichwertig. Im folgenden wird das gleichzeitige Abfließen dieser gleichen Elektrizitätsmenge immer stillschweigend vorausgesetzt. Wir verändern jeßt mittels des Spannungsteilers die Ladespannung und messen zu jedem Wert von E den zugehörigen Wert von Q. Dann zeigt es sich, daß der Quotient $\dfrac{Q}{\Delta E}$ für denselben Kondensator konstant ist. Die mittels dieses Quotienten gemessene Größe nennen wir die Kapazität C des Kondensators.

$$C = \frac{Q}{\Delta E}.$$

Messen wir die Elektrizitätsmenge in Amperesekunden, wofür wir auch Coulomb sagen, die Spannung in Volt, so erhalten wir als Bezeichnung für C

Coulomb je Volt oder Amperesekunden/Volt.

Dafür sagt man auch Farad. Wenn wir also sagen: Die Kapazität eines Kondensators ist a Farad, so heißt das:

$$\frac{\text{Anzahl der Amperesek., die beim Laden dem Kondensator zugeführt werden}}{\text{Anzahl der Volt Spannungsdifferenz zwischen den Platten des Kondensators}} = a.$$

Damit haben wir für die Kapazität Maßeinheit und Meßverfahren: Die Maßeinheit der Kapazität ist 1 Farad. Die Kapazität 1 Farad hat ein Kondensator, auf dem bei Zufuhr der Elektrizitätsmenge 1 Coulomb die Spannungsdifferenz 1 Volt zwischen den Platten entsteht.

Zum Messen der Kapazität dienen Coulombmeter (Stoßgalvanometer) und Spannungsmesser. Der Quotient aus ihren Angaben gibt uns die gesuchte Kapazität.

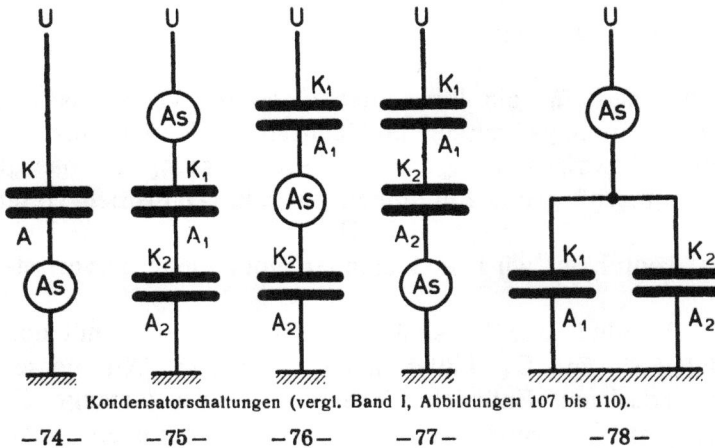

Kondensatorschaltungen (vergl. Band I, Abbildungen 107 bis 110).

−74−   −75−   −76−   −77−   −78−

Beispiel: Ein Kondensator werde nach Abbildung 73 geladen auf die Spannung 80 Volt, das Coulombmeter (Abbildung 53) gebe beim Laden und Entladen einen Stoßausschlag von 8,3 Skalenteilen. Diesem entspricht eine Elektrizitätsmenge von $6,4 \cdot 10^{-4}$ Coulomb. Danach beträgt die Kapazität des Kondensators

$$C = \frac{6,4 \cdot 10^{-4}}{80} = 8 \cdot 10^{-6} \text{ Amperesekunden/Volt oder Farad.}$$

10^{-6} Farad wird auch ein Mikrofarad genannt. Blockkondensatoren, wie sie in den Netzanschlußgeräten der Radioapparate sitzen, haben Kapazitäten dieser Größenordnung. 125000 Kondensatoren wie der obige müßten zusammengeschaltet werden, um eine Kapazität von einem Farad zu ergeben. Mit ihnen könnte man schon ein mittelgroßes Zimmer vollständig anfüllen. Eine solche Kondensatorenbatterie nähme bei Anschluß an die 220-Volt-Leitung soviel Elektrizität auf, wie durch den Glühfaden einer Taschenlampe in 12 Minuten fließt.

Anmerkung: Als kleinere Kapazitätseinheit findet man häufig noch cm benutzt. Diese Einheit stammt aus einem älteren, dem sogen. elektrostatischen Maßsystem. Die Gleichung

$$\text{Kapazitätseinheit } 1 \text{ cm} = 1{,}11 \cdot 10^{-12} \text{ Farad}$$

verbindet sie mit unserem, dem Volt-Ampere-Sekunden-System.

§ 16. Das Kondensatorgesetz.

1. Die Gleichung

$$Q = C \cdot E$$

läßt sich auch für ein konstantes C so in Worte fassen: „Die n-fache Spannungsdifferenz lädt denselben Kondensator mit der n-fachen Elektrizitätsmenge". In dieser Fassung hat das „Kondensatorgesetz" große Ähnlichkeit mit dem Ohmschen Gesetz

$$J = G \cdot E.$$

Diese Ähnlichkeit wird im folgenden noch mehr hervortreten.

2. In Abbildung 75 sind zwei Kondensatoren, mit den Kapazitäten C_1 und C_2, hintereinandergeschaltet. Wir messen die beim Laden und Entladen fließende Elektrizitätsmenge Q und stellen fest: Der Stoßausschlag unseres Coulombmeters ist derselbe, ob wir das Meßinstrument (Abbildung 53) vor, zwischen oder hinter die Kondensatoren schalten (Abbildungen 75 bis 77). Die Elektrizitätsmenge ist also für alle hintereinandergeschaltete Kondensatoren gleich (vergl. Bd. I, § 23,2). Nach dem Laden sei die Spannung

$$E \text{ auf } K_1,$$
$$E_1 \text{ auf } A_1 \text{ und } K_2.$$

Dann gelten die Gleichungen:

$$Q = C_1 \cdot (E - E_1)$$
$$Q = C_2 \cdot E_1$$

und weiter

$$\frac{Q}{C_1} = E - E_1$$

$$\frac{Q}{C_2} = E_1$$

$$\frac{Q}{C_1} + \frac{Q}{C_2} = E.$$

Betrachten wir die beiden Kondensatoren als einen mit der gesuchten Kapazität C, so ist

$$Q = C \cdot E$$

und

$$E = \frac{Q}{C}.$$

Diesen Wert setzen wir oben ein und finden:

$$\frac{Q}{C_1} + \frac{Q}{C_2} = \frac{Q}{C}$$

und

$$\frac{1}{C_1} + \frac{1}{C_2} = \frac{1}{C}.$$

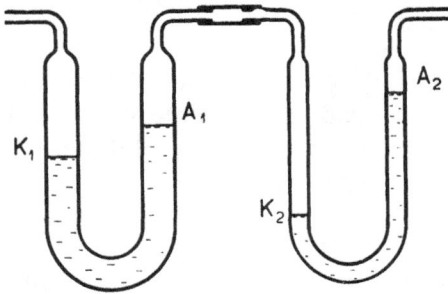

Bei Hintereinanderschaltung von Kondensatoren ist also die Summe der Kehrwerte der Kapazitäten gleich dem Kehrwert der Gesamtkapazität (vergl. Band I, Seite 58, Gl. (2)).

Aus den obigen Gleichungen folgt noch, daß der Spannungsabfall bei mehreren hintereinandergeschalteten Kondensatoren umgekehrt proportional der Kapazität ist.

Parallelversuch zu den Abbildungen 75 bis 77. Soviel Gas wie bei K₁ zufließt, fließt von A₁ nach K₂ und von A₂ ins Luftmeer.

−79−

$$\frac{E - E_1}{E_1} = \frac{C_2}{C_1}.$$

Abbildung 79 zeigt den Parallelversuch.

3. Die Spannung ist konstant.

Abbildung 78. Die beiden Kondensatoren C_1 und C_2 sind parallelgeschaltet. Dann ist

$$Q_1 = C_1 \cdot E$$
$$Q_2 = C_2 \cdot E$$

und die Gesamtelektrizitätsmenge

$$Q = Q_1 + Q_2.$$

Die Gesamtkapazität ist:

$$C = \frac{Q}{E} = \frac{Q_1}{E} + \frac{Q_2}{E} = C_1 + C_2.$$

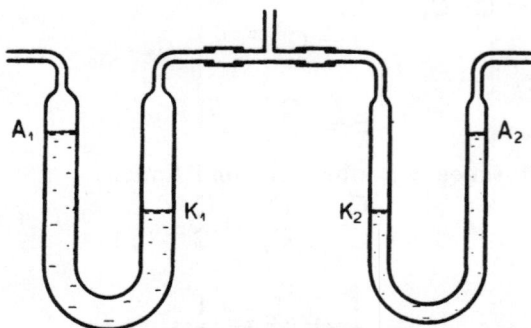

Parallelversuch zu Abbildung 78.
Zwei parallelgeschaltete U-Röhren. Der Druck in K1 und K2 ist derselbe.
— 80 —

(Vergl. Bd. I, S. 60, Gl. (3)). Der Satz gilt allgemein: Bei Parallel-schaltung ist die Gesamtkapazität gleich der Summe der Einzel-kapazitäten. Zum Parallelversuch, der in Abbildung 80 dargestellt ist, brauchen wir nichts weiter zu bemerken.

§ 17. Anwendungen des Kondensatorgesetzes.

1. Hohe Spannungen mittels der Netzspannung. In Abbil-

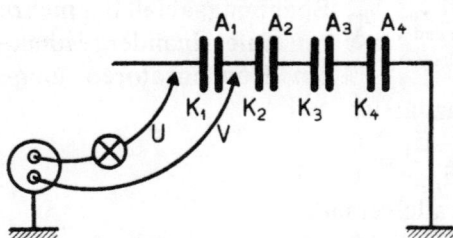

Herstellung einer Spannung von 880 Volt mittels der Netzspannung von 220 Volt.

— 81 —

dung 81 sind 4 Kondensa-toren $K_1 A_1$, $K_2 A_2$, $K_3 A_3$, $K_4 A_4$, zu einer Kette hinter-einandergeschaltet. Es kön-nen Blockkondensatoren sein oder auch die Flaschen der Abbildung 82. U sei das Ende einer Leitungsschnur, die mit der 220-Voltbuchse verbunden sei, V sei entsprechend mit der Erde verbunden. Wir berühren gleichzeitig K_1 mit U, A_1 mit V, dann bekommt K_1 die Spannung — 220 Volt. Danach bringen wir V in Berührung mit A_2 und gleichzeitig U mit K_2, dadurch bekommt K_2 die Spannung — 220 Volt, K_1 die Spannung — 440 Volt; so gehen wir über die ganze Kette, V ist dabei immer einen Schritt vor U voraus. Wenn V auf A_4, U auf K_4 angekommen ist, hat K_1 die Spannung — 880 Volt.

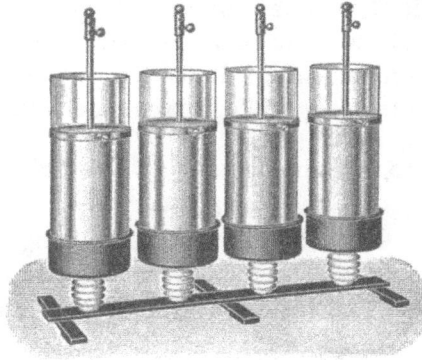

Flaschenkondensatoren zum Hintereinander- und Parallelschalten.
—82—

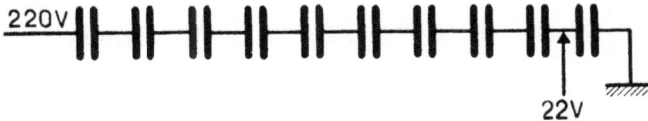

Spannungsteilung durch Hintereinanderschalten von Kondensatoren.
—83—

2. Erweiterung des Meßbereichs eines Elektrometers. (Abbildung 83). Wir schalten 10 gleiche Kondensatoren der Kapazität C hintereinander und berühren das eine Ende mit U, das andere mit V, dann verteilt sich der Spannungsabfall auf die 10 Kondensatoren zu gleichen Teilen und das dem letzten parallelgeschaltete Elektrometer zeigt 22 Volt an. Dieser Ausschlag bedeutet jetzt 220 Volt Spannungsdifferenz zwischen den Enden der Kette. Der Meßbereich ist damit auf das 10fache erweitert. Die 9 ersten Kondensatoren lassen sich ersetzen durch einen einzigen der Kapazität $C/9$ (Abbildung 84). Die Schaltung hat große Ähnlichkeit mit der Schaltung zur Erweiterung des Meßbereichs eines stromdurchflossenen Voltmeters; dort wird durch Vorschalten eines Widerstandes

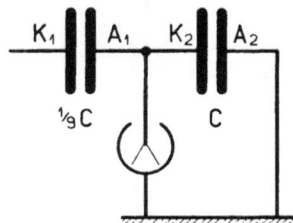

Änderung des Meßbereichs eines Elektrometers.
—84—

die Gesamtleitfähigkeit, hier durch Vorschalten eines Kondensators die Gesamtkapazität herabgeseßt. Die Kapazität des Elektrometers muß so klein sein, daß sie gegen die von $K_2 A_2$ vernachlässigt werden kann. So lassen sich mit einem gewöhnlichen Elektrometer sehr hohe Spannungen messen.

§ 18. Zusammenhang zwischen Kondensator- und Ohmschen Geseß.

Die Ähnlichkeit der Formeln des § 12 mit denen des § 23 (I) ist kein Zufall. Zur Herstellung des Zusammenhangs zwischen beiden Geseßen dient der Versuch der Abbildung 86. Beim Drücken der Morsetaste lädt sich der Kondensator, das Galvanometer macht einen Stoßausschlag, beim Loslassen entlädt sich der Kondensator, ohne daß G ausschlägt, denn die auf K im Überschuß sißenden Elektronen füllen gerade nur die Lücken auf A wieder aus (Parallelversuch Abb. 85).

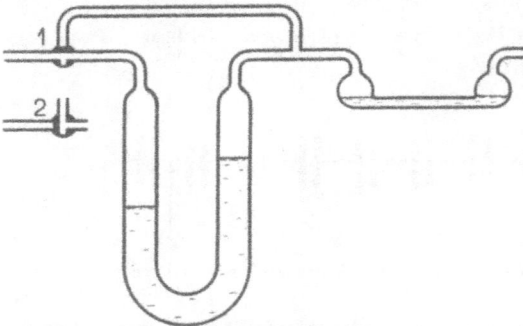

Parallelversuch zu Abbildung 86. Bei Stellung 2 fließt kein Strom durch den Stromanzeiger.

— 85 —

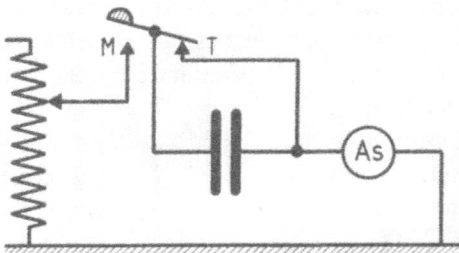

Das Galvanometer schlägt beim Drücken der Taste aus, beim Loslassen nicht.

— 86 —

Lassen wir jeßt Laden und Entladen und immer wieder Laden und Entladen aufeinanderfolgen, so bleibt das Galvanometer im Ausschlag, nur pendelt der Zeiger unruhig um eine Mittellage hin und her. Das Laden und Entladen lassen wir jeßt maschinell erfolgen. Die kreisförmige Metallscheibe, die wir schon bei den Versuchen des § 14 benußt haben, trägt auf der Rückseite eine Isolierschicht mit Lücken nach Abbildung 87. Die Lücken sind kreisförmig angeordnet, die Anzahl der Lücken auf diesen Kreisen von innen nach außen sind 20, 24, 30, 36, 45. Auf der Scheibe schleifen zwei Kontakte M und T stets auf demselben Kreis, aber so, daß sie nie gleichzeitig zwei Lücken berühren (Abbildung 88). In der Mitte der Metallplatte schleift eine dritte Feder, sie hat Verbindung mit K. Jedesmal, wenn M über eine Lücke schleift, lädt sich der Kondensator; er entlädt sich, wenn T das Metall berührt. Stehen M und T auf dem innersten Kreis, so finden bei jeder Umdrehung 20 Ladungen und 20 Entladungen statt, bei einer Umdrehungszahl von 75 in der Minute gibt das 25 in der Sekunde. Diese Zahl wollen wir die Frequenz nennen und allgemein mit n bezeichnen. Dann zeigt sich zunächst: Je größer n, um so ruhiger steht der Zeiger des Galvanometers auf Dauerausschlag. Weiter stellen wir fest: Wird n k-mal so groß, so wird auch der Dauerausschlag k-mal so groß; dasselbe geschieht, wenn entweder die Ladespannung E oder die Kapazität C des Kondensators k-mal so groß wird.

Unterbrecherplatten.
— 87 —

Wir erklären: Die rasch aufeinander folgenden Stromstöße wirken wie ein Dauerstrom und führen einen Dauerausschlag herbei. Nun seien:

E die Ladespannung in Volt,

C die Kapazität des Kondensators in Amperesekunden/Volt,

n die Ladefrequenz, es bekommt die Bezeichnung „je Sekunde" oder „Sek. $^{-1}$".

Dann ist nach dem Kondensatorgesetz die Elektrizitätsmenge, die bei jedem Laden durch G fließt:

$$Q = C \cdot E.$$

Wir multiplizieren beide Seiten mit n:

$$n \cdot Q = n \cdot C \cdot E.$$

Die linke Seite ist die in der Sekunde durch G fließende Elektrizitätsmenge. Ebenso ist die (mittlere) Stromstärke:

$$J = n \cdot C \cdot E.$$

Daraus folgt

$$\frac{E}{J} = \frac{1}{n \cdot C},$$

mit anderen Worten: Der Kondensator samt seiner Lade- und Entladevorrichtung wirkt bei der Frequenz n wie ein Leiter mit dem Widerstand

$$R = \frac{1}{n \cdot C}$$

oder dem Leitwert

$$G = n \cdot C.$$

Bei konstantem Produkt n . C gilt in unserem obigen Versuch das Ohmsche Gesetz. Ist z. B.

$$E = 20 \text{ Volt,}$$
$$C = 1 \text{ } \mu F = 10^{-6} \text{ Farad,}$$
$$n = 50 \text{ Sek. }^{-1},$$

dann ist

$$G = 50 . 10^{-6} \text{ Amperesekunden/Voltsekunden} =$$
$$50 . 10^{-6} \text{ Ampere/Volt,}$$
$$R = 2 . 10^4 \text{ Volt/Ampere} = 0{,}02 \text{ Megohm.}$$

Die vom Galvanometer G angezeigte Stromstärke beträgt

$$J = \frac{20}{2 . 10^4} \text{ Ampere oder 1 Milliampere.}$$

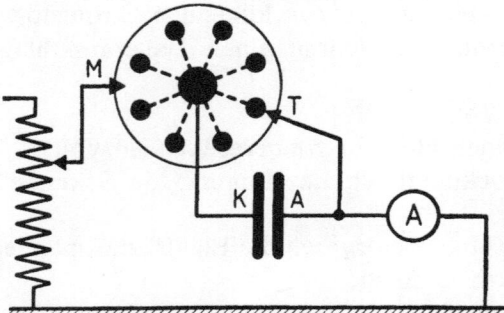

Bei genügend hoher Frequenz ist der Ausschlag konstant.

— 88 —

Wir fassen zusammen: In der Versuchsanordnung der Abbildung 88 wirkt bei hinreichend hoher Frequenz der Kondensator einschließlich der Lade- und Entladeeinrichtung wie ein Leiter, dessen Leitwert um so größer ist, je größer die Kapazität des Kondensators und die Ladefrequenz sind.

Halten wir durch Verkleinerung von C das Produkt n . C konstant, während n wächst, so kommen wir im „Grenzfall" zum Ohmschen Gesetz.

III. Besondere Formen elektrischer Felder.

§ 19. Der Faradaybecher als Kondensatorhälfte.

In § 4 sind wir von dem elektrischen Feld ausgegangen, das sich in der Umgebung eines geladenen isolierten Leiters befindet. Durch Umformung der Apparatur sind wir dann zum Kondensator gekommen, haben die Feldlinien des homogenen Kondensatorfeldes sichtbar gemacht und durch den Versuch der Abbildung 41 erfahren, daß an den Stellen, von denen die Feldlinien ausgehen, Elektronen sitzen, während dort, wo die Feldlinien endigen, Elektronen abgewandert sind, sich also Lücken gebildet haben. Wird die eine Platte **A** des Kondensators entfernt, so haben wir es nur noch mit einer Kondensatorhälfte zu tun; wir benutzen als solche zunächst eine isolierte Kugel. Wenn wir auf diese Elektronen pumpen, dann gehen von ihr Feldlinien aus, diese müssen spätestens an den geerdeten Zimmerwänden endigen. Wir können ein Feldlinienbild mittels des beschriebenen Grieß-Rizinus-Verfahrens herstellen (Ab-

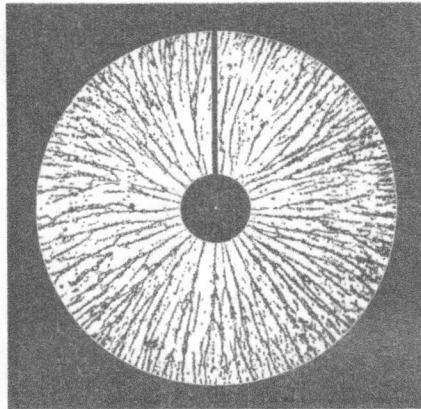

Feldlinienbild einer frei aufgehängten geladenen Kugel.

− 89 −

bildung 89); die Feldlinien laufen strahlenförmig nach allen Seiten. Um auch das Innere eines geladenen Körpers untersuchen zu können, geben wir diesem die Form eines Bechers (Abbildung 90). Auf diesen pumpen wir nun mit unserer Elektrizitätspumpe (Abbildungen 1,

6, 7) Elektronen, oder wir verbinden ihn mit dem Über(—)spannung führenden Pol der Steckdose und untersuchen, wo die jetzt im Überschuß vorhandenen Elektronen sitzen. Wir führen also die

Probekugel zunächst mehrmals auf dem Wege 1 (Abbildung 91) von der Zuleitung zum Knopf des Elektroskops und beobachten einen Ausschlag. Wir entladen das Elektroskop, berühren den Becher auf der Außenseite mit der Probekugel, führen diese auf dem Weg 2 zum Elektroskop und stellen wie beim Versuch der Abbildung 41 fest, daß an den Stellen, von denen die Feldlinien ausgehen, Elektronen sitzen. Dann untersuchen wir das Innere des Bechers. Es gelingt nicht,

Faradaybecher.
—90—

auf dem Weg 3 irgendwelche Elektronen dem Becher zu entnehmen und auf das Elektroskop zu bringen. Auf der Innenseite des Bechers ist also kein Überschuß von Elektrizität vorhanden. Von der Innenwand gehen auch keine Feldlinien aus, das zeigt Abbildung 92.

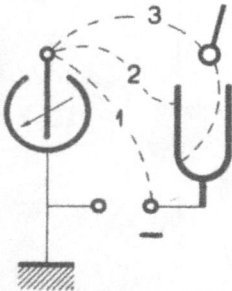

Auf dem Wege 3 lassen sich auf das Elektroskop keine Elektronen übertragen.
Elektroskop nach Band I, Abb. 87.
—91—

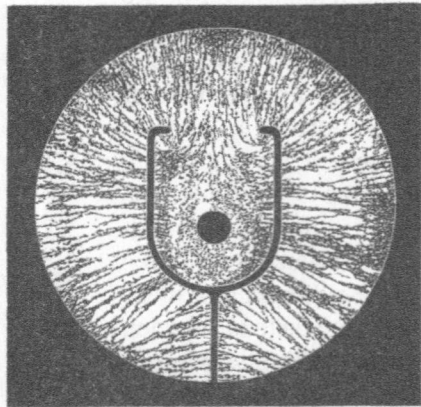

Isolierte Kugel im Innern eines Faradaybechers. Im unteren Teil des Bechers verlaufen keine Feldlinien.
—92—

Wir wiederholen den Versuch, pumpen aber diesmal aus dem Becher Elektronen heraus. Die Versuche verlaufen genau so, nur zeigt jetzt das Elektroskop Unter(+)spannung an. Das heißt aber: Nur auf der Außenseite des Bechers ist Elektronenmangel vorhanden, auf der Außenseite sitzen die Lücken; im Innern ist kein Elektronenmangel vorhanden, auf der Innenwand endigen keine Feldlinien.

Damit haben wir ein höchst wichtiges experimentelles Ergebnis: Wenn wir einem isolierten Körper Elektronen zuführen oder entziehen, dann tritt die Anreicherung oder Verarmung an Elektronen nur an der Oberfläche auf. Ehe wir im nächsten Paragraphen uns damit auseinandersetzen, geben wir noch einen bestätigenden Versuch.

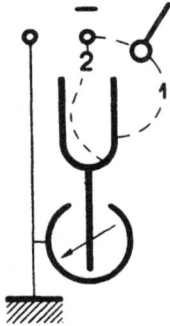

Auf dem Wege 1 läßt sich das Elektroskop nur bis zur Spannung der städtischen Leitung, auf dem Wege 2 auf höhere Spannung laden

Elektroskop wie in Abbildung 91.

— 93 —

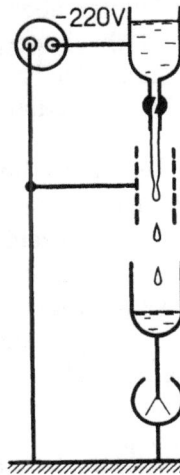

Die herabfallenden Tropfen laden den Becher auf eine Spannung von über 1000 Volt.

— 94 —

Wir setzen den Becher auf das Elektroskop; eine Holtzsche Klemme verbinden wir mit dem — Pol der städtischen Leitung. Dann führen wir die Probekugel wiederholt auf dem Weg 1 (Abbildung 93) von der Klemme zum Becher. Die Spannung steigt zunächst, dann bleibt die Fortsetzung des Versuchs erfolglos. Wenn wir dagegen den Versuch auf dem Weg 2 fortsetzen, steigt die Über(—)spannung weit über die Spannung der städtischen Leitung.

Eine Variante dieses Versuches sieht so aus: Über dem Becher hängen wir ein Blechgefäß mit Wasser isoliert auf, das Gefäß hat unten einen Ausfluß mit Hahn und Spitze und wird mit der Steckdose verbunden (Abbildung 94). Solange das Wasser

in geschlossenem Strahl in den Becher fließt, ist das Elektroskop
mit der städtischen Leitung verbunden und zeigt deren Spannung
an. Drosseln wir jedoch den Strahl, daß er sich oberhalb des
Bechers in Tropfen auflöst, so steigt die Spannung viel höher.
Der Wasserstrahl stellt nach § 6 die eine Hälfte eines Kondensators dar, dessen andere Hälfte die in der Nähe befindlichen
geerdeten Körper darstellen. Bringen wir diese zweite Hälfte
näher heran, d. h. nähern wir die Hand der Stelle, wo der Strahl
in einzelne Tropfen übergeht, oder umgeben wir den Strahl mit einem
geerdeten Blechzylinder, so wird die Kapazität größer (vgl. auch
Abbildung 29), jeder Tropfen bringt mehr Elektronen, die Spannung
auf dem Faradaybecher steigt wesentlich schneller als vorher.

§ 20. Unterschied zwischen Elektrizität und Gas.

Wir haben seither die Elektrizität sich wie ein Gas verhalten
sehen, sodaß die Bezeichnung Elektronengas nicht ungerechtfertigt
erscheint. So durchsichtig aber die Parallelversuche mit Luft und
Gas auch sein mögen, und so weit sich der Vergleich zwischen
Elektrizität und Gas auch treiben läßt, einmal kommt bei jedem
Vergleich eine Stelle, wo der Vergleich versagt, und im § 19 sind
wir an diesem Punkt angekommen.

Wenn wir einer mit Gas gefüllten Flasche Gas zuführen oder
entziehen, so ändert sich neben dem Druck auch die Anzahl der
Moleküle in jedem Kubikzentimeter. Das ist bei der Elektrizität,
wie wir im vorigen Paragraphen gesehen haben, ganz anders;
im Innern des Leiters ändert sich der normale Elektronenbestand
nicht. In diesem Verhalten liegt ein grundsätzlicher Unterschied
zwischen Elektrizität und Gas. Wenn wir zu dem Wasser, das
sich in einem Standzylinder befindet, noch Wasser hinzufügen,
so ändert sich die Anzahl der Wassermoleküle im Kubikzentimeter
nicht. (Von der geringen Zusammendrückbarkeit des Wassers dürfen
wir hier absehen.) Die Zunahme macht sich nur an der Oberfläche bemerkbar, der Wasserspiegel steigt oder sinkt im entgegengesetzten Fall. Ein ähnliches Bild können wir uns auch
bei der Elektrizität machen. Wir wollen uns vorstellen, daß im
Normalzustand, also beim spannungslosen Leiter, der „Elektrizitätsspiegel" mit der Körperoberfläche zusammenfällt, führen wir

dann noch Elektronen zu, dann tritt der Elektrizitätsspiegel aus
der Körperoberfläche heraus (Abbildung 95); entziehen wir dem
Leiter Elektronen, so sinkt der Elektrizitätsspiegel in den Leiter
hinein, ähnlich wie der Grundwasserspiegel
in einem heißen Sommer, und auf der Körperoberfläche tritt Elektronenmangel auf. Wenn
wir also die Elektrizität als Gas bezeichnen
wollen, so müssen wir als besondere Eigenschaft dieses Gases hervorheben, daß es sich
im Leiter nicht zusammendrücken läßt.

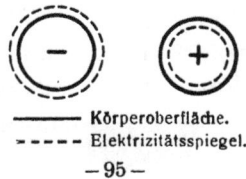

―――― Körperoberfläche.
- - - - - Elektrizitätsspiegel.
— 95 —

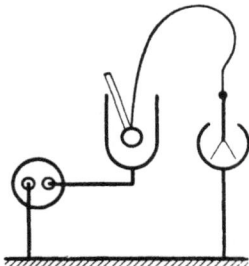

Beim Einbringen der Probekugel
wird ihr eineSpannung aufgedrückt
— 96 —

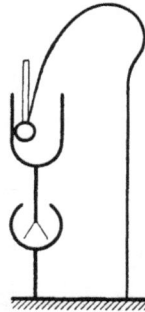

Die Elektronen fließen auch bei
Berührung der Innenseite ab.
— 97 —

Gehen wir mit der Probekugel in den Becher, so kommen
die auf ihr befindlichen Elektronen unter Spannung. Das können
wir zeigen, wenn wir die Probekugel mit dem Elektroskop verbinden (Abbildung 96) und dann einführen. Obwohl auf der
Innenwand des Bechers gar keine Elektronen im Überschuß vorhanden sind, fließen die dort vorhandenen Elektronen doch zur
Erde ab, wenn wir die Innenwand nach Abbildung 97 mit der
geerdeten Probekugel berühren, eben weil sie unter Spannung
stehen, und zwar dauert das Fließen so lange, bis der Elektrizitätsspiegel auf der Außenseite wieder mit der Oberfläche des
Bechers zusammenfällt.

Die Verschiebung des Elektrizitätsspiegels gegen die Körperoberfläche ist sehr gering und in unseren Abbildungen stark über-
trieben dargestellt. Es kann sich dabei nur um äußerst geringe

Abstände, etwa in der Größenordnung eines Moleküldurch-
messers 10^{-8} cm handeln.

Wir ergänzen noch diese Versuche. Zunächst stellen wir das
Feldlinienbild des Faradaybechers in der bekannten Weise her
(Abbildung 92). Dann erden wir die eingebrachte Probekugel,
sofort treten auch im Innern Feldlinien zwischen Kugel und
Wand auf (Abbildung 98).

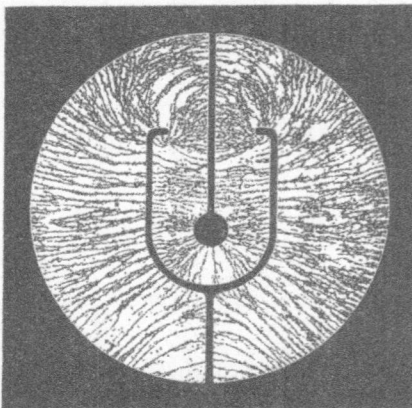

Geerdete Kugel im Innern des Faradaybechers.
— 98 —

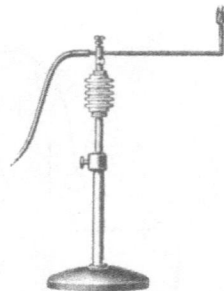

Flammensonde, der Gasschlauch
ist ein Isolator.
— 99 —

Der Faradaybecher sei spannungslos; eine Probekugel wird
geladen in den Becher gebracht. Der Becher fängt die von der
Probekugel ausgehenden Feldlinien auf, von der Innenseite
wandern Elektronen ab auf die Außenseite, von dieser gehen
Feldlinien nach den Zimmerwänden und dem Fußboden. Das
mit dem Becher verbundene Elektroskop zeigt Spannung an.
Diese ändert sich nicht, wenn wir die Kugel im Becher hin- und
herbewegen, auch dann nicht, wenn wir die Innenwand mit der
Kugel berühren. Dabei entlädt sich die Kugel, d. h. der auf ihr
sitzende Elektrizitätsüberschuß geht auf den Becher über und füllt
gerade die Lücken auf der Innenseite aus. Im Außenraum ändert
sich gar nichts. Damit wird das Ergebnis des § 15 bestätigt:
genau soviel Elektronen wie im Überschuß an den Anfängen der
Feldlinien sitzen, genau soviel sind dort abgeflossen, wo die Feldlinien endigen. — Daß im Innern des geladenen Bechers zwar

Spannung aber kein Spannungsunterschied vorhanden ist, zeigen
wir mit Flammensonden (Abbildung 99). Das sind dünne Mes-
singröhrchen, die von einer Stielklemme getragen werden und
mit der Gasleitung durch Gummischläuche verbunden sind. Am
offenen Ende brennt ein kleines Gasflämmchen.
Statt des Bechers benutzen wir den „Faradaykäfig"
der Abbildung 100, den wir isoliert aufhängen.
Wir verbinden ihn mit der städtischen 220-Volt-
Leitung. Die Flammensonde verbinden wir nach
Abbildung 101 mit dem geerdeten Elektroskop
und nähern sie von außen dem Käfig. Wir beobachten, wie zunächst die Spannung bei Annäherung an den Käfig bis 220 Volt steigt, dann
bringen wir die Sonde in den Käfig hinein, das
Elektroskop zeigt unverändert dieselbe Spannung,

Faradaykäfig.

— 100 —

wohin wir auch die Sonde im Käfig bringen, ob
sie die Wandung berührt oder sich mitten im Käfig befindet. Im Käfig
herrscht also überall dieselbe Spannung. Verbinden wir das Elek-
troskopgehäuse statt mit der Erde mit einer zweiten Flammensonde, so schlägt das Elektroskop nicht aus, wenn sich beide Sonden
im Käfig befinden (Abbildung 102), selbst wenn wir die Spannung
auf dem Käfig auf einige Tausend Volt steigern; ganz anders
dagegen, wenn eine Sonde innerhalb, die andere außerhalb ist.

—220V

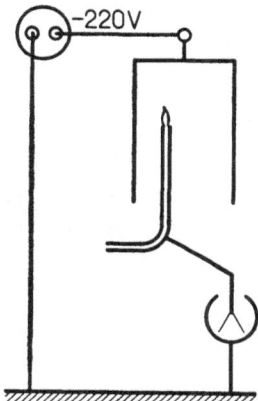

Im Innern des Käfigs herrscht überall die
gleiche Spannung.

— 101 —

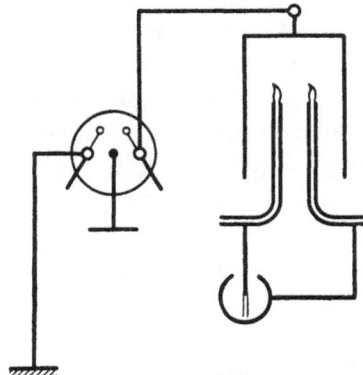

Im Innern des Käfigs gibt es keinen
Spannungsabfall.

— 102 —

Legen wir auf den Isolierschemel eine Metallplatte, stellen auf diese das Elektroskop und stülpen den Käfig darüber (Abbildung 103), dann gelingt es uns nicht, das Elektroskop von außen her zum Ausschlag zu bringen, wir dürfen die Spannung auf dem Käfig auch so weit steigern, daß wir aus ihm lange Funken ziehen können. Es schlägt jedoch sofort wieder aus, wenn wir den Knopf durch eine Öffnung im Käfig mit der Erde verbinden.

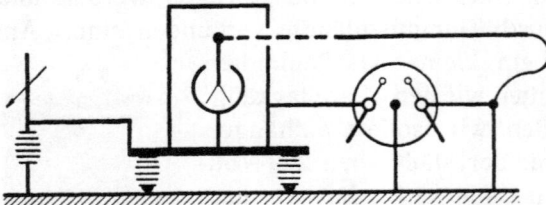

Das Elektroskop wurde durch Berührung mit dem geerdeten Leiter zum Ausschlagen gebracht. Vorher kein Ausschlag.

— 103 —

§ 21. Leiter und Isolator.

Als Ganzes betrachtet enthält der geladene Kondensator gerade soviel Elektronen, wie wenn er nicht geladen ist. Das hat uns der Versuch der Abbildungen 73 und 74 gezeigt. Das Wesentliche am geladenen Kondensator ist das elektrische Feld in seinem Innern mit der Elektronenanhäufung auf der einen Seite und den Lücken auf der andern (Abbildung 44). Wenn wir im Versuch der Abbildung 87 durch Loslassen der Morsetaste das elektrische Feld zusammenbrechen lassen, schlägt das Galvanometer weder nach der einen noch nach der andern Seite aus, ein Zeichen, daß die Elektronen jetzt genau die Lücken ausfüllen.

Nunmehr knüpfen wir an die Abbildung 75 an. Die dort benutzten technischen Kondensatoren denken wir uns ersetzt durch Plattenkondensatoren mit gleich großen Platten, davon schalten wir drei hintereinander und kommen so zur Abbildung 104. Bringen wir zwischen die Platten eines Kondensators etwa zwischen K_2 und A_2 eine leitende Brücke, so fließen Elektronen von K_2 hinüber nach A_2, füllen die Lücken aus, das Feld zwischen K_2 und A_2 bricht zusammen, die beiden andern bleiben bestehen. Dabei wird die Gesamtkapazität der „Kette" aus Kondensatoren $K_1 A_1 K_2 A_2 K_3 A_3$ größer, denn aus der Summe $1/C = 1/C_1 + 1/C_2 + 1/C_3$ fällt der Summand $1/C_2$ heraus, die Summe wird kleiner und ihr Kehrwert C größer. Weitere Elektronen fließen auf K_1, wenn dieses mit der Leitung verbunden ist.

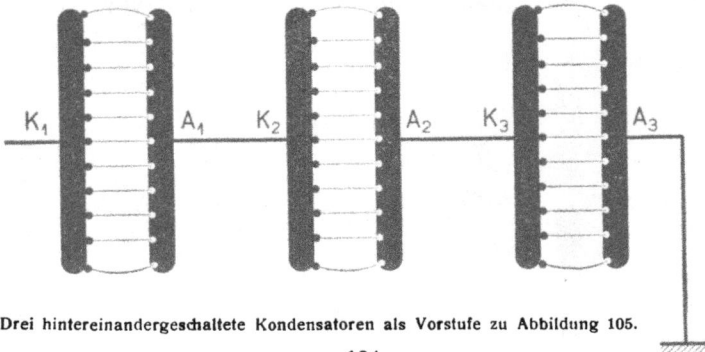

Drei hintereinandergeschaltete Kondensatoren als Vorstufe zu Abbildung 105.

— 104 —

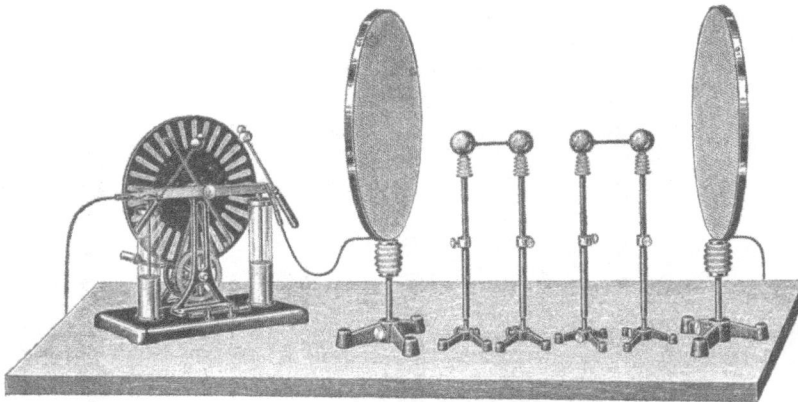

A_1, K_2, A_2, K_3 sind durch isolierte Kugeln ersetzt.

— 105 —

Die Brücke bleibt im folgenden weg. Das Ganze formen wir um zur Versuchsanordnung, die in Abbildung 105 dargestellt ist. Zwischen zwei großen Kondensatorplatten K_1 und A_3 stehen zwei Paare je unter sich verbundener isolierter Probekugeln, A_1 und K_2, A_2 und K_3. Die Verbindung geschieht durch kleine Messingrohrstückchen, die zwischen den Kugeln eingeklemmt werden. Beim Auseinandernehmen der Kugeln fallen diese einfach zu Boden. A_3 ist geerdet, auf K_1 wird mittels einer rotierenden Pumpe hohe Spannung erzeugt. Das Feldlinienbild der Abbildung 104 geht über in das der Abbildung 106. Ein Teil der Feldlinien geht unmittelbar von K_1 nach A_3. Der Rest endigt auf A_1. Von K_2 gehen Feldlinien nach A_2 und von K_3 nach A_3.

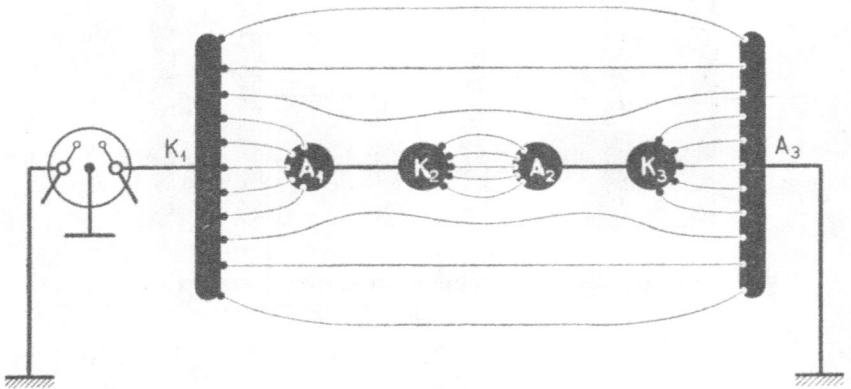

Feldlinienverlauf in Abbildung 105.
— 106 —

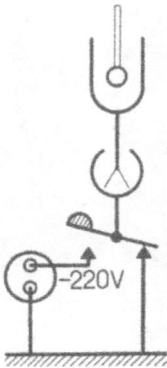

Die Probekugeln A_1 und K_2 bringen denselben Ausschlag des Elektroskops hervor. Beide haben entgegengesetzt gleiche Ladungen.
— 107 —

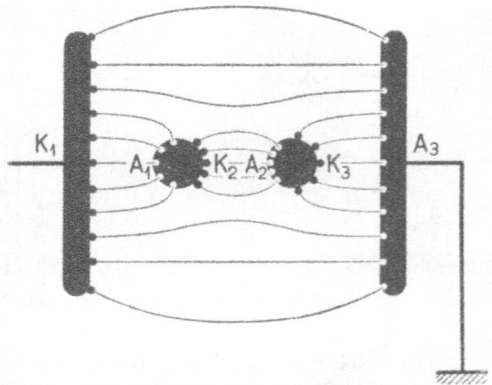

Zwei benachbarte Moleküle eines Nichtleiters bilden einen
Kondensator.
— 108 —

Im Besitz des Faradaybechers können wir die Eigenladung von A_1 und K_2 nachweisen (Abbildung 107). Wir bringen A_1 in den Faradaybecher, zunächst ohne die Wand zu berühren. Das Elektroskop macht einen Ausschlag, der beim Drücken der Morsetaste größer wird. Beim Herausnehmen von A_1 geht das Elektroskop auf Null zurück. Denselben Ausschlag erhalten wir, wenn wir K_2 in den Becher bringen, nur wird dieser beim Drücken der Taste kleiner. Berühren wir mit K_2 die Wand, so bleibt der Ausschlag bestehen, wenn wir K_2 herausnehmen, verschwindet aber, wenn wir A_1 in den Becher bringen.

Wir vereinfachen: A_1 und K_2 lassen wir sich zu einer einzigen Kugel zusammenziehen, ebenso A_2 und K_3. Es entsteht die Abbildung 108.

Weiter stellen wir uns vor: Die beiden Kugeln schrumpfen auf Molekülgröße zusammen, auch ihr Abstand verkleinert sich dementsprechend. Wir unterscheiden zwei Fälle.

1. Die beiden Moleküle sind Teile eines Leiters, dann gehen die Elektronen von K_2 hinüber nach A_2 und füllen die Lücken dort aus; zwischen den Molekülen gibt es kein Feld mehr.

2. Die beiden Moleküle sind Teile eines idealen Nichtleiters, dann bleibt der in Abbildung 108 dargestellte Zustand bestehen, so lange der Kondensator $K_1 A_3$ geladen ist.

Wir kommen damit zu einer grundsätzlichen Auffassung vom Aufbau des Stoffes, die wir im folgenden zusammenfassen.

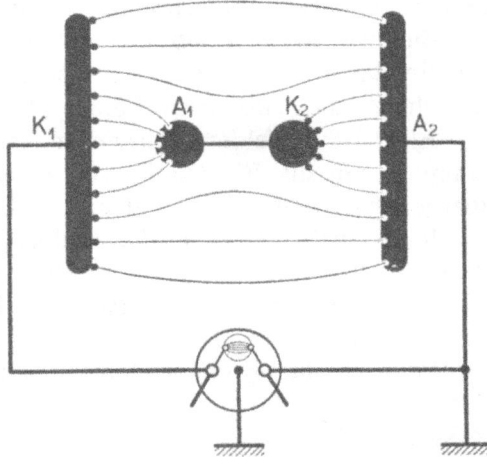

Das Feld ist zwischen den benachbarten Molekülen des Leiters zusammengebrochen.

$-109-$

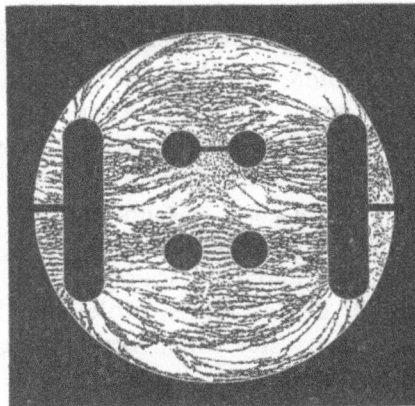

Feldlinienbild zu den Abbildungen 108 und 109. Oben zwei Moleküle eines Leiters, unten zwei Moleküle eines Isolators.

$-110-$

Der Stoff besteht aus Molekülen. (Das einfachste Molekül ist das Atom.) Jedes Molekül enthält im Normalzustand eine ganz bestimmte Anzahl von Elektronen in einer Anordnung, die einen Gleichgewichtszustand darstellt. Im Bereich des Moleküls sind diese Elektronen beweglich. Im elektrischen Feld werden die Elektronen innerhalb des Molekülbereichs in der Richtung der Feldlinien verschoben. Zwischen benachbarten Molekülen entstehen dabei elektrische Felder (Abbildung 108).

Elektrische Felder brechen in einem Leiter dadurch zusammen, daß die Elektronen von einem Molekül in das andere übergehen (Abbildungen 109 und 110).

Im Nichtleiter sind die Elektronen an das ursprüngliche Molekül gebunden. Sie können nicht in das Nachbarmolekül übergehen. Je zwei benachbarte Moleküle bilden einen Kondensator (Abbildungen 108 und 110).

Wird in das Kondensatorfeld senkrecht zu den Feldlinien eine leitende Platte gebracht, so werden dadurch die Feldlinien verkürzt und die Kapazität steigt. Dasselbe geschieht, wenn die Platte aus einem nichtleitenden Stoff besteht. Die einzelnen Moleküle des Nichtleiters wirken wie Leiter, da in ihnen die Elektronen beweglich sind.

§ 22. Leitungsstrom und Verschiebungsstrom.

Zwischen die Platten unseres ungeladenen Kondensators $K_1 A_2$ bringen wir wie in Abbildung 109 die beiden Kugeln $A_1 K_2$, sie sind durch eine leitende Brücke miteinander verbunden. Wir pumpen auf K_1 Elektronen. Dann fließt zwischen A_1 und K_2 ein Leitungsstrom, wie wir ihn seither immer beobachten. Zwischen K_1 und A_1 geraten die Elektronen des Dielektrikums auch in Bewegung, dabei verschieben sich jedoch die Elektronen nur innerhalb der einzelnen Moleküle. Die Gesamtheit dieser intermolekularen Elektronenverschiebungen nennen wir einen Verschiebungsstrom.

Wir können dann sagen: Der Leitungsstrom, der auf K_1 endigt, geht als Verschiebungsstrom weiter bis A_1. Dort beginnt wieder ein Leitungsstrom und geht bis K_2. Darauf folgt wieder ein Verschiebungsstrom bis A_2 und dann wieder ein Leitungsstrom.

Dieser kann jedoch nicht beliebig lange fließen, die Spannung auf K_1 steigt fortwährend. Dann kommen wir entweder an die Grenze der Leistungsfähigkeit unserer Pumpe, oder das Dielektrikum wird durchschlagen. In diesem Falle setzt dort, wo seither ein Verschiebungsstrom vorhanden war, ein Leitungsstrom ein.

Der Leitungsstrom läßt sich zwischen A_1 und K_2 nachweisen, wenn wir statt der Brücke ein hochempfindliches Galvanometer (Abbildung 3 oder 12) oder ein Neonröhrchen nach Abbildung 11 einschalten. Während die Spannung auf K_1 zunimmt, beobachten wir einen Strom. Geht der Verschiebungsstrom in einen Leitungsstrom über, etwa dadurch, daß zwischen K_1 und A_1 und ebenso zwischen K_2 und A_2 ein Funken überspringt, so leuchtet das Röhrchen hell auf. Schalten wir parallel zu $K_1 A_2$ als ganz kleinen Kondensator die beiden Kugeln

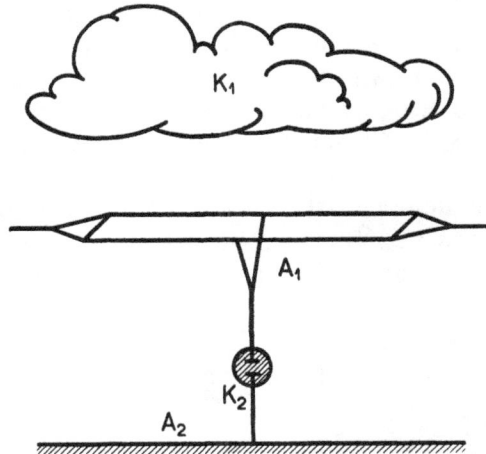

Über eine Glimmlampe geerdete Antenne beim Herannahen einer Gewitterwolke.

– 111 –

der Influenzmaschine in 1 bis 2 cm Abstand, so setzt zwischen diesen Kugeln der Leitungsstrom in Form eines Funkens ein (Abbildung 109). Das Feld zwischen K_1 und A_2 bricht zusammen, die Elektronen kehren in den einzelnen Molekülen in ihre Gleichgewichtslage zurück. Das zeigt sich in unserem groben Molekülmodell $A_1 K_2$ in einem Aufleuchten des Lämpchens oder einem Ausschlag des Galvanometers in der entgegengesetzten Richtung wie beim Laden. Mit diesem Versuch hängt sehr eng folgende Erscheinung zusammen (Abbildung 111): K_1 sei eine herannahende Gewitterwolke. Zwischen eine Rundfunkantenne und Erde schalten wir eine Glimmlampe mit verschiedenen Elektroden, eine sogenannte Polsuchelampe (Abbildung I 26). Dann beobachten wir ein schwaches Leuchten der einen Elektrode; sobald irgendwo ein Blitz niedergeht, leuchtet die andere

Elektrode hell auf. Der Versuch gelingt selbst dann, wenn die
Wolke noch recht weit ist. Es dürfte immerhin zu empfehlen sein,
ihn rechtzeitig zu unterbrechen.

§ 23. Der geschlossene Stromkreis.

Wenn wir an einer Stelle U Elektronen aus der Erde heraus-
und an einer anderen wieder hineinpumpen, dann kann der entstehende Spannungsunterschied nur solange von Bestand sein,
wie ein Strom von U nach V fließt. Diesen Strom in der Erde
werden wir später in einem besonderen Fall auch nachweisen.
Die Erde verhält sich dabei wie irgend ein anderer Leiter, durch
den der Stromkreis geschlossen wird. Dieser Stromkreis besteht
aus lauter Leitern, und in ihnen fließt ein Leitungsstrom (Abbildungen I, 61 und 63). Die im ersten Teil, von § 9 ab, behandelten Stromkreise waren alle durch Leiter geschlossen, sie
waren gebildet aus lauter aneinandergereihten Strömungsfeldern.

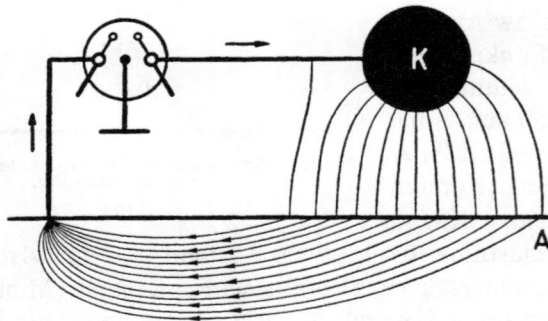

Durch ein sich änderndes elektrisches Feld geschlossener Stromkreis.
Verschiebungsstrom zwischen K und A.

−112−

In Abbildung 112 werden durch eine Pumpe der Erde Elektronen entzogen und auf eine Kugel K gepumpt. Diese bildet
zusammen mit der Erde einen Kondensator, aus den ihr benachbarten Teilen A der Erde strömen Elektronen ab. Beschränken
wir uns auf Leitungsströme, dann ist der Kreis zwischen K und A
unterbrochen. Wir wissen aber aus dem Vorhergehenden, daß
auch in dem Raum zwischen K und A Veränderungen vorgehen,

wenn die Pumpe arbeitet. Erst wenn wir diese Veränderungen, das Entstehen eines elektrischen Feldes, als Verschiebungsstrom bezeichnen, können wir von einem geschlossenen Stromkreis im allgemeinen Sinne reden. Ist K geladen und bringen wir die beiden Kugeln der Maschine zur Berührung, so verschwindet das elektrische Feld, während in den Leitern des Kreises ein Leitungsstrom in umgekehrter Richtung wie beim Laden fließt. Fassen wir also ganz allgemein Änderungen im elektrischen Feld unter den Begriff Verschiebungsstrom, so ist jetzt jeder Stromkreis geschlossen. Zu den Stromkreisen, die aus lauter Leitern bestehen, ist in Abbildung 111 und 112 ein gemischter Stromkreis gekommen. Später werden wir einen Stromkreis kennen lernen, in dem es nur Verschiebungsströme gibt. Wir müssen uns eben stets unter Verschiebungsstrom ein sich änderndes elektrisches Feld vorstellen; nur so läßt sich die Schwierigkeit, die in der Bezeichnung liegt, überwinden.

§ 24. Berechnung der Kapazität aus den Dimensionen des Kondensators.

In I § 25 haben wir den Widerstand und seinen Kehrwert, den Leitwert, aus den Dimensionen des Leiters berechnet. Die dortigen Ergebnisse sind bis auf einen konstanten Faktor Folgerungen aus den für Hintereinander- und Parallelschalten von Leitern geltenden Formeln. Genau so können wir die Kapazität eines Plattenkondensators aus der Oberfläche F der Platten und ihrem Abstand d finden.

Ver-n-fachung von F bedeutet nichts anderes als Parallelschalten von n unter einander gleichen Kondensatoren, die Kapazität steigt dabei auf das n-fache. (Vgl. Abbildung 78).

Zu untersuchen ist noch der Einfluß von d. In § 6 sahen wir, wie bei Vergrößerung von d die Spannung stieg. Das ist bei gleichbleibendem Q auf Grund der Gleichung

$$Q = \Delta E \cdot C$$

nur möglich, wenn C kleiner wird. Verlängerung der Feldlinien bedeutet Verminderung der Kapazität, Verkürzen der Feldlinien Vergrößerung der Kapazität.

Zwischen die Platten unseres geladenen Kondensators bringen wir wie in Abbildung 21 eine isolierte kreisrunde dicke Metallscheibe B vom selben Querschnitt F wie die Kondensatorplatten. Wir beobachten am parallel zu den Kondensatorplatten geschalteten Elektrometer, daß die Spannung ab-, die Kapazität also zunimmt. Offenbar werden die Feldlinien um die Dicke von B verkürzt. Je dünner B, um so geringer ist seine Wirkung, und wir können schließen, daß eine Platte, deren Dicke wir gegen d vernachlässigen können, überhaupt keine Kapazitätsänderung hervorbringt, wenn sie nur die Feldlinien senkrecht schneidet.

Das Einbringen einer solchen sehr dünnen Platte senkrecht zu den Feldlinien wirkt geradeso, wie wenn wir die Moleküle einer Querschicht leitend verbinden und damit die molekularen Kondensatoren einseitig parallel schalten. Steht nun B genau in der Mitte zwischen K und A, so bildet es zusammen mit K und A je einen Kondensator mit gleichem F, aber halbem Plattenabstand (Abbildung 113). Die Kapazität eines solchen sei C_1. Für die hintereinandergeschalteten Kondensatoren gilt nach § 16 die Gleichung:

$$1/C_1 + 1/C_1 = 1/C.$$

Aus dieser folgt

$$C_1 = 2\,C.$$

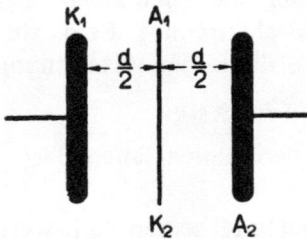

Zerlegung eines Kondensators durch eine dünne leitende Platte senkrecht zu den Feldlinien in zwei Kondensatoren von je der doppelten Kapazität.

– 113 –

Ebenso können wir uns das Dielektrikum in drei gleiche Teile zerlegt denken; es entstehen drei Kondensatoren, von denen jeder die dreifache Kapazität hat wie der ursprüngliche usw. Wir können verallgemeinern: Die Kapazität eines Plattenkondensators wächst auf das n-fache, wenn der Plattenabstand auf den n-ten Teil verkürzt wird. Dieses Ergebnis wird durch den folgenden Versuch bestätigt.

Wir benutzen einen großen Plattenkondensator(Abbildung 114) mit waagerecht angeordneten Platten. Zu dem Kondensator gehören kleine Bernsteinscheibchen von 0,10, 0,15, 0,20, 0,25, 0,30 cm Dicke; je vier sind immer gleich, sie werden auf die untere Platte A gelegt und bestimmen somit den Abstand d der beiden Platten. Der Kondensator wird dann in bekannter Weise aus der städtischen Leitung geladen und über ein hochempfind- liches Galvanometer entladen (Abbildung 12). Verdoppeln wir d, so wird der Stoßaus- schlag halb so groß, verdreifachen wir d, so beträgt der Stoßausschlag nur noch den dritten Teil. Die von der Platte K auf- genommene Elektrizitätsmenge ist also dem- entsprechend kleiner geworden. Auf Grund der Gleichung

Großer Plattenkondensator (r = 15 cm), zwischen den Platten be- finden sich 4 Bernsteinstückchen.

$$Q = C . \Delta E$$

−114−

ist dies nur dadurch zu erklären, daß C mit Ver-n-fachung von d auf den n-ten Teil sinkt.

Wir verfahren nun so: Die Elektrizitätsmenge messen wir mit dem geeichten Stoßgalvanometer (Abbildung 73); aus ihr und der bekannten Spannung berechnen wir die Kapazität

$$C = \frac{Q}{\Delta E} .$$

Dann bilden wir den Quotient

$$\varepsilon = \frac{C . d}{F} .$$

Dieser Quotient erweist sich, wie nach dem vorhergehenden nicht anders zu erwarten, als konstant; er gibt an, welche Ka- pazität ein Kondensator hat, bei dem jede Platte 1 cm² Flächen- inhalt besitzt, während ihr Abstand 1 cm beträgt. ε bekommt die Benennung Farad/cm oder Amperesekunden/Volt cm.

Das Galvanometer der Abbildung 3 lieferte einen Stoßaus- schlag von 22,8 mm auf einer 1 m entfernten Skala. Nach § 14 entspricht jedem Millimeter die Elektrizitätsmenge $6 . 10^{-9}$ Cou- lomb. Folglich betrug

$$Q = 137 . 10^{-9} \text{ Coulomb.}$$

Wir dividieren durch 220, die Anzahl der Volt, und finden für die Kapazität

$$C = 6,23 . 10^{-10} \text{ Farad.}$$

Diese Zahl multiplizieren wir mit d = 0,1 cm und dividieren dann durch $15^2 \pi$ cm². Wir finden

$$\varepsilon = 8{,}8 \cdot 10^{-14} \text{ Amperesekunden/Volt cm.}$$

Als genauester Wert für diese Zahl gilt heute

$$8{,}84 \cdot 10^{-14} \text{ Amperesekunden/Volt cm,}$$

wobei jedoch als Dielektrikum das Hochvakuum vorausgesetzt ist. Diese für das Hochvakuum gültige Zahl ε wird als absolute Dielektrizitätskonstante bezeichnet. Ist der Raum zwischen den Kondensatorplatten von Luft erfüllt, so ist ε noch mit 1,0006 zu multiplizieren.

Die Zahl 1,0006, mit der wir die absolute, d. h. die Dielektrizitätskonstante des luftleeren Raumes multiplizieren, um die Dielektrizitätskonstante der Luft zu erhalten, heißt relative Dielektrizitätskonstante. Sie wird gewöhnlich mit ε_r bezeichnet. ε_r bekommt als reine Zahl keine Benennung. Die endgültige Formel für die Kapazität eines „Luftkondensators" lautet also:

$$C = \varepsilon \cdot \varepsilon_r \cdot \frac{F}{d} \text{ (Farad);} \quad \varepsilon = 8{,}84 \cdot 10^{-14}; \quad \varepsilon_r = 1{,}0006.$$

Wird die Luft durch einen anderen Isolator ersetzt, so treten an Stelle von ε_r andere Werte, z. B.

für Wasser 81,	für Bernstein 2,8,
Eis 3,1,	Porzellan 4,5,
Paraffin 2,3,	Gläser 5,5 bis 7,
Petroleum 1,9 bis 2,3.	

Die Zahl 1,0006 weicht so wenig von 1 ab, daß wir sie in den meisten Fällen einfach weglassen können.

Die obige Formel für die Kapazität hat große Ähnlichkeit mit der Formel für den Leitwert

$$G = \varkappa \frac{q}{l}.$$

Dem Produkt $\varepsilon \cdot \varepsilon_r$ entspricht die spezifische Leitfähigkeit $\varkappa$. F und q, d und l entsprechen sich physikalisch und geometrisch.

Auf der Abhängigkeit der Kapazität von der Kondensatoroberfläche und der Dicke des Dielektrikums beruhen folgende Versuche: Pumpen wir auf den in Abbildung 115 dargestellten Doppellampion Elektrizität, bis das Elektroskop ausschlägt, so wird der Ausschlag größer, wenn wir die Oberfläche durch Zusammendrücken verkleinern.

Die Spannung auf einer geladenen Kugel wird kleiner, wenn wir die Hand als zweite Kondensatorplatte nähern, und damit die Kapazität erhöhen (vgl. Abbildung 29). Beim Wegnehmen der Hand sinkt die Kapazität wieder.

Es seien K_1 und K_2 zwei Kugeln oder Kondensatorplatten in großer Entfernung voneinander; beide sind auf gleiche Spannung geladen und stellen zusammen mit der Erde zwei Kondensatoren dar. Die Gesamtkapazität dieser beiden Kondensatoren wird geringer, wenn wir K_1 und K_2 einander nähern, da die Fläche, von der aus Feldlinien nach der Erde gehen können, verkleinert wird. Infolgedessen steigt beim Zusammenrücken der Kugeln die Spannung auf beiden. Diese Spannungssteigerung ist am größten, wenn K_1 ein Faradaybecher ist, in den K_2 hineingesteckt wird.

Die obigen Formeln zeigen besonders deutlich, daß beim Kondensator das, was wir unmittelbar mit unseren Sinnen wahrnehmen, die beiden Leiter K und A, eigentlich das Nebensächliche sind. Träger der Erscheinungen ist der Raum zwischen und um K und A. Wenn ein Leiter gegeben ist, stellen wir uns etwa ein Glasgefäß mit Kupfervitriollösung vor, dann ist bei ihm der Begriff Leitwert solange vollkommen unbestimmt, solange nicht die Elektroden eingetaucht sind, zwischen

Veränderliche
Kondensatorhälfte
— 115 —

denen der Spannungsunterschied und der Leitwert gemessen werden sollen. Die Elektroden dienen dabei nur dazu, Anfang und Ende der Strömungslinien festzulegen; der Leitwert ist Eigenschaft des Leiters zwischen den durch die Elektroden festgelegten Flächen.

Entsprechend heißt die Frage beim Kondensator. Gegeben ist ein Dielektrikum, etwa Paraffinöl in einem Glasgefäß. Welche Kapazität hat das Dielektrikum, wenn durch die Flächen K und A Anfang und Ende der Feldlinien festgelegt werden?

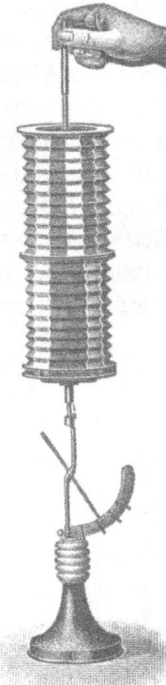

§ 25. Spannungsgefälle.

Den Begriff Spannungsgefälle haben wir schon bei der Behandlung des Strömungsfeldes in § 27 des ersten Teiles eingeführt. Wir messen das Spannungsgefälle mittels des Quotienten aus ΔE, der Anzahl der Volt Spannungsunterschied zwischen zwei Punkten einer Strömungslinie, und der Anzahl der cm Abstand zwischen diesen beiden Punkten. Die Benennung ist dann Volt/cm. Beim homogenen Strömungsfeld dürfen wir dabei den Spannungsunterschied zwischen den Feldgrenzen, bei unserer früheren Versuchsanordnung also zwischen den Kupferelektroden, und den Abstand dieser Elektroden zur Berechnung benutzen. (Vgl. Bd. I, Seite 78 oben). Wir haben in der gleichen Weise jetzt das elektrische Feld zu untersuchen. Als Erläuterung benutzen wir dabei wieder ein mechanisches Analogon.

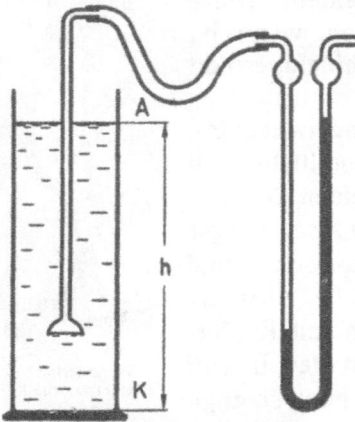

Hydrostatisches Feld mit Drucksonde.

—116—

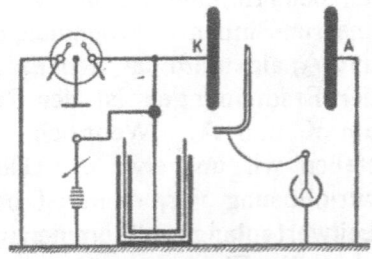

Flammensonde im elektrischen Feld.

—117—

Parallelversuche.

Hydrostatisches Feld.

Das Kondensatormodell der Abbildung 43 zeichnet sich im „geladenen" Zustand durch die gehobene Flüssigkeitssäule wyzx aus. Wir betrachten die Druckverhältnisse in einer solchen Flüssigkeitssäule, der Einfachheit halber füllen wir einen Standzylinder mit dem

Elektrisches Feld.

Wir laden unseren großen Kondensator der Abbildung 105, sodaß der Spannungsunterschied ΔE zwischen den beiden Platten einige Tausend Volt beträgt. Damit er konstant bleibt, selbst wenn kleine Elektronenverluste auftreten, schalten wir parallel zum

Querschnitt q bis zur Höhe h. Die Grundfläche sei K und die Oberfläche der Flüssigkeit sei A.

Wir tauchen in die Flüssigkeit als „Sonde" eine Glasröhre, die unten in einen flachen Trichter endigt, zunächst bis zum Boden K. Die Sonde ist mit einem Manometer verbunden, der andere Schenkel des Manometers ist offen (Abbildung 116).

Das Manometer zeigt zunächst den Druck am Boden K an, er sei P.

Wir gehen mit der Sonde langsam nach oben und finden:

Der Druck nimmt von K nach A stetig ab bis zum Wert Null.

Das offene Ende des Manometers verbinden wir mit einer gleichen Sonde (Abbildung 118).

Kondensator eine große Leidener Flasche.

In das elektrische Feld bringen wir eine Flammensonde (Abbildung 99) zunächst möglichst nahe an K heran. Die Sonde ist mit einem Elektrometer verbunden, das Gehäuse ist geerdet. (Abbildung 117).

Das Elektrometer zeigt zunächst die Spannung E von K an.

Wir gehen mit der Sonde langsam zur geerdeten Platte und finden:

Die Spannung nimmt von K nach A stetig ab bis zum Wert Null.

Das isolierte Gehäuse des Elektrometers verbinden wir mit einer zweiten Flammensonde (Abb. 119 und 120).

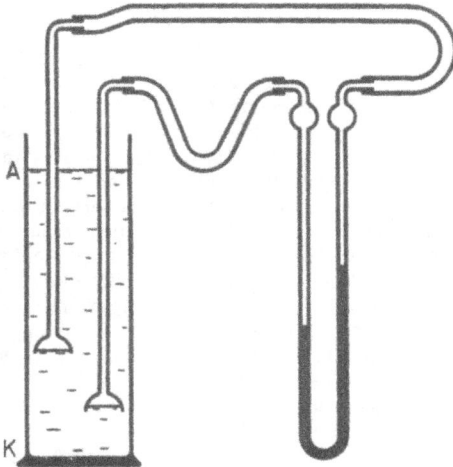

Spannungsunterschied im elektrischen Feld.
—119—

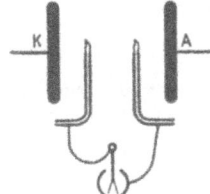

Druckunterschied im hydrostatischen Feld.
—118—

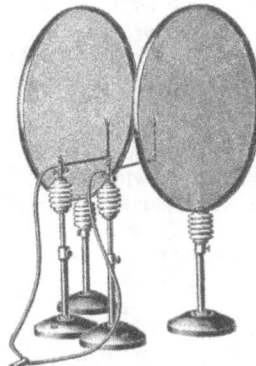

Flammensonden zwischen Kondensatorplatten.
—120—

Das Manometer schlägt aus, wenn die beiden Sonden im Feld verschieden weit von K entfernt sind.

Das Elektrometer schlägt aus, wenn die beiden Sonden im Feld verschieden weit von K entfernt sind.

Bewegen wir eine Sonde in einem senkrechten Kreise um die andere, so ist der Ausschlag am größten, wenn die Verbindungsgerade der Sonden senkrecht läuft, er ist Null, wenn diese Verbindungsgerade waagerecht läuft.

Zwischen zwei Punkten gleicher Entfernung von einander ist also der Druckunterschied in senkrechter Richtung am größten, in waagerechter Richtung Null.

Bewegen wir die beiden Sonden so, daß sich ihr senkrechter Abstand nicht ändert, so bleibt der Manometerausschlag derselbe.

Machen wir den senkrechten Abstand der beiden Sonden n-mal so groß, so wird auch der Druckunterschied n-mal so groß.

Bewegen wir eine Sonde in einem waagerechten Kreise um die andere, so ist der Ausschlag am größten, wenn die Verbindungsgerade der Sonden in der Richtung der Feldlinien läuft, er ist Null, wenn sie senkrecht zur Richtung der Feldlinien steht.

Zwischen zwei Punkten gleicher Entfernung von einander ist also der Spannungsunterschied in der Richtung der Feldlinien am größten, senkrecht dazu Null.

Bewegen wir die beiden Sonden so, daß sich ihr waagerechter Abstand nicht ändert, so bleibt der Elektrometerausschlag derselbe.

Machen wir den waagerechten Abstand der beiden Sonden n-mal so groß, so wird auch der Spannungsunterschied n-mal so groß.

Wir berechnen als Konstanten:

den Quotient aus Druckunterschied ΔP und senkrechten Abstand h:

$$\mathfrak{P} = \frac{\Delta P}{h} .$$

Die durch diesen Quotient gemessene Größe heißt Druckgefälle. Sie gibt den Druckunterschied zwischen zwei Punkten an, die in 1 cm Abstand auf derselben Senkrechten liegen.

Die Größe $\mathfrak{P}$ hat im hydrostatischen Feld eine sehr einfache physikalische Bedeutung. Es sei s das spezifische Gewicht der Flüssigkeit. Dann wirkt auf K die Kraft

$$\mathfrak{K} = q.h.s.$$

Der Druck am Boden beträgt:

$$P = \frac{\mathfrak{K}}{q} = h.s .$$

Dann ist auch

$$\Delta P = h.s$$

und

$$\mathfrak{P} = \frac{\Delta P}{h} = s .$$

Das Druckgefälle ist gleich dem spezifischen Gewicht der Flüssigkeit.

den Quotient aus Spannungsunterschied und Abstand in der Richtung der Feldlinien

$$\mathfrak{E} = \frac{\Delta E}{d} \text{ (Volt/cm).}$$

Das Spannungsgefälle ist uns schon vom Strömungsfeld her bekannt. Es gibt den Spannungsunterschied zwischen zwei Punkten an, die in 1 cm Abstand auf derselben Feldlinie liegen.

ΔE können wir umgekehrt aus dem Spannungsgefälle berechnen, wenn wir wie beim Strömungsfeld eine beliebige Feldlinie teilen in die Strecken s_1, $s_2 \ldots \ldots s_n$; wir multiplizieren eine jede mit dem zugehörigen Spannungsgefälle und finden als Liniensumme des Spannungsgefälles

$$\Delta E = \mathfrak{E}_1 . s_1 + \mathfrak{E}_2 . s_2 + \ldots \ldots \mathfrak{E}_n . s_n .$$

Diese Formel gilt ganz allgemein für jede Feldlinie zwischen K und A, auch für die Feldlinien des inhomogenen Streufeldes am Rande wie überhaupt in jedem inhomogenen Feld, wir können uns ja ein solches aus lauter kleinen homogenen Teilen zusammengesetzt denken.

Ein inhomogenes hydrostatisches Feld erhalten wir z. B., wenn wir Wasser über eine gesättigte Kochsalzlösung schichten.

Im homogenen Feld vereinfacht sich die obige Formel zu

$$\Delta E = \mathfrak{E} \cdot d \,.$$

Die Abhängigkeit des Spannungsgefälles von E und d, die sich in der Formel

$$\mathfrak{E} = \frac{\Delta E}{d}$$

ausdrückt, zeigen wir noch einmal durch den Versuch. Wir machen im Versuch der Abbildung 119 den Abstand der Flammen 1 cm, dann wächst der Ausschlag des Elektrometers,

wenn wir auf K mehr Elektronen pumpen und damit ΔE vergrößern,

wenn wir die Kondensatorplatten einander nähern und damit d verkleinern.

§ 26. Verschiebungsdichte.

Aus den Formeln 5 bis 9 aus Band I, § 28, ergibt sich:

$$J = G \cdot \Delta E$$
$$= \frac{\Delta E}{R}$$
$$= \frac{\varkappa \cdot q \cdot \Delta E}{l}$$
$$= \varkappa \cdot q \cdot \mathfrak{E} \,.$$

Daraus folgerten wir

$$\frac{J}{q} = \varkappa \cdot \mathfrak{E} \,.$$

Aus der Formel des § 24

$$C = \varepsilon \cdot \varepsilon_r \cdot \frac{F}{d}$$

und dem Kondensatorgesetz

$$Q = \Delta E \cdot C$$

folgt:

$$Q = \varepsilon \cdot \varepsilon_r \cdot F \cdot \frac{\Delta E}{d}$$
$$= \varepsilon \cdot \varepsilon_r \cdot F \cdot \mathfrak{E} \,.$$

Daraus folgt:

$$\frac{Q}{F} = \varepsilon \cdot \varepsilon_r \cdot \mathfrak{E} \,.$$

Diesen Quotienten bezeichneten wir mit $\mathfrak{S}$ und nannten die durch ihn gemessene Größe

Stromdichte.

$$\mathfrak{S} = \varkappa \cdot \mathfrak{E} \,.$$

Diesen Quotienten bezeichnen wir mit $\mathfrak{D}$ und nennen die dadurch gemessene Größe

Verschiebungsdichte.

$$\mathfrak{D} = \varepsilon \cdot \varepsilon_r \cdot \mathfrak{E} \,. \qquad (1)$$

Von der „Verschiebungsdichte" versuchen wir uns ein anschauliches Bild zu machen: Wenn wir den Kondensator aufladen, dann verschiebt sich der „Elektrizitätsspiegel", der vorher mit der Plattenoberfläche von K zusammenfiel in das Dielektrikum hinein. Dabei tritt die Elektrizitätsmenge Q ein sehr kleines Stückchen aus der Oberfläche heraus. Rechnen wir aus, welche Elektrizi-

tätsmenge sich dabei durch 1 cm² der Oberfläche hindurch verschiebt, so kommen wir auf die Größe $\mathfrak{D}$. Drüben auf A tritt
der Elektrizitätsspiegel unter die Oberfläche. Beim Plattenkondensator mit gleichen Platten ist die Verschiebungsdichte auf beiden
Platten dieselbe. Im inhomogenen Feld dagegen, etwa bei einem
Kondensator, bei dem K und A zwei konzentrische Kugeln bilden,
ist die Verschiebungsdichte auf der inneren Kugel größer als auf
der äußeren (vergl. auch Abbildung 89).

Auch innerhalb des Feldes hat $\mathfrak{D}$ noch eine Bedeutung.
Bringen wir in das Feld eine dünne Metallplatte mit dem Flächeninhalt F' (auf einer Seite) senkrecht zu den Feldlinien, so bildet
sie mit K und A je einen Kondensator, von der K zugewandten
Seite wandern Elektronen hinüber auf die A zugewandte Seite;
es ist geradeso, wie wenn eine Elektrizitätsmenge Q' von der
einen Seite der Platte auf die andere verschoben worden wäre.
Der Quotient O'/F' ergibt wieder die Verschiebungsdichte. Diese
können wir messen mittels der beiden isolierten Platten der Abbildung 121. Wir bringen die beiden einander mit einer Seite
berührend senkrecht zu den Feldlinien zwischen
die beiden großen Kondensatorplatten, trennen
sie in dieser Lage und lassen den auf der einen
Platte sitzenden Elektronenüberschuß durch das

Platten zur Bestimmung
der Verschiebungsdichte.

— 121 —

Coulombmeter der Abbildung 12 nach der Erde
abfließen, danach die andere Platte auf demselben Wege ihren Elektronenbestand wieder ergänzen. Das Instrument schlägt nach verschiedenen Seiten um denselben Betrag aus.
Dividieren wir die Anzahl der Coulomb durch die Anzahl der cm²
Flächeninhalt einer Platte, so finden wir die Verschiebungsdichte $\mathfrak{D}$,
und mittels ihrer und des aus Spannungsunterschied und Abstand
der Kondensatorplatten errechneten Spannungsgefälles $\mathfrak{E}$ können
wir wieder die Dielektrizitätskonstante ε errechnen. Das Verfahren
ist allerdings viel weniger genau, als das oben benutzte.

Im Falle, wo der Raum zwischen den Kondensatorplatten
von einem körperlichen Dielektrikum erfüllt ist, tritt zu ε noch
der Faktor ε_r aus § 24 hinzu, und es wird

$$\mathfrak{D} = \varepsilon \cdot \varepsilon_r \cdot \mathfrak{E}.$$

Diese Formel gilt wie die entsprechende für das Strömungsfeld

$$\mathfrak{S} = \varkappa \cdot \mathfrak{E}$$

für jeden Punkt des Feldes. Denn in einem Punkt P gibt es ein Spannungsgefälle, dieses finden wir, wenn wir auf der durch den Punkt gehenden Feldlinie ein kleines Stückchen $UV = s$ cm herausgreifen (Abbildung 122) und den Spannungsunterschied ΔE Volt zwischen U und V durch s dividieren. Ebenso gibt es in P eine Verschiebungsdichte; um diese zu finden, legen wir durch P senkrecht zu UV ein Flächenstückchen WXYZ von der Größe F' cm²; durch dieses werde beim Entstehen und Zusammenbrechen des Feldes die Elektrizitätsmenge Q' verschoben, der Quotient Q'/F'

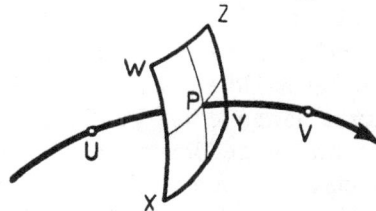

Spannungsgefälle und Verschiebungsdichte.
— 122 —

liefert die Verschiebungsdichte im Punkte P. So verallgemeinert gilt die obige Formel für jeden Punkt im homogenen und inhomogenen Feld. $\mathfrak{D}$ und $\mathfrak{E}$ sind Vektoren, d. h. sie haben eine Größe und Richtung.

Wir müssen diese Begriffe noch weiter verfeinern. Solange ein körperliches Dielektrikum da ist, hat der Begriff Verschiebung anschauliche Bedeutung, das Flächenstückchen WXYZ können wir uns als Molekülschicht vorstellen. Im Hochvakuum versagt auch diese Vorstellung. Es bleibt nichts übrig als eine Veränderung des Raums, die für uns aber erst dann feststellbar wird, wenn wir in diesen Raum Körper hineinbringen können. Dies ist keineswegs eine Besonderheit des elektrischen Feldes. So wird auch das große „Lichtstrahlenfeld", das die Erde umgibt, in der Nacht für uns nur durch die Körper wahrnehmbar, die darin vorhanden sind, wie etwa der Mond und die Planeten. Ebenso bringen wir in der Optik als Körper Rauchteilchen in den Raum, den wir untersuchen. Wir nehmen an, daß in einem solchen Raum schon Veränderungen vorhanden sind, ehe wir den Rauch hineinbringen.

§ 27. Inhomogenes Feld mit konstanter Verschiebungsdichte.

In I § 27 haben wir auf Seite 78 ein Strömungsfeld behandelt, in dem die Stromdichte konstant war, dessen Inhomogenität aber darauf beruhte, daß die spezifische Leitfähigkeit an verschiedenen Stellen des Feldes verschieden war. Das homogene elektrische Feld in Luft zwischen K und A wird inhomogen, wenn wir zwischen K und A eine Glasplatte schieben. Die Verschiebungsdichte ist zwar im Glas geradeso groß wie in Luft, da aber die Dielektrizitätskonstante des Glases etwa sechsmal so groß ist, wie die der Luft, beträgt im Glas das Spannungsgefälle nach Gleichung (1) Seite 26 nur den sechsten Teil von dem der Luft. Vor dem Hereinbringen der Glasplatte erscheint die Spannungskurve längs einer Feldlinie als Gerade der Abbildung 123; das Spannungsgefälle wird durch den Tangens des Winkels α dargestellt. Bringen wir nun die Glasplatte herein und erhöhen den Spannungsunterschied zwischen K und A wieder auf den alten Wert, so muß dieser Winkel im Glas kleiner sein. Damit bekommt die Kurve die Form der Abbildung 124. Ersetzen wir die Glasplatte durch eine gleich dicke Metallplatte, so wird der Winkel α_2 (Abbildung 124) gleich Null, während das Spannungsgefälle (tg α_1) in der Luft noch größer wird.

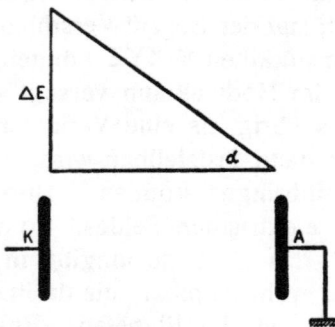

Spannungsverlauf im homogenen Feld in Luft.
− 123 −

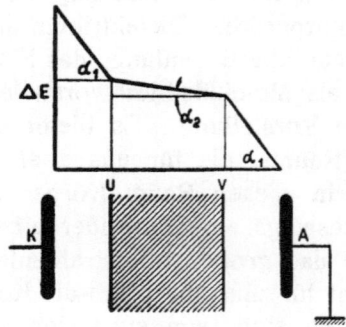

Spannungsverlauf nach Einbringen einer Glasplatte U V.
− 124 −

§ 28. Der Kugelkondensator.

Eine kleine Kugel K mit dem Halbmesser r_u und eine mit ihr konzentrische A mit dem Halbmesser r_0 begrenzen einen Kugelkondensator. Wir wollen seine Kapazität berechnen. Dafür geben wir 2 Methoden, die allerdings auf dasselbe hinauslaufen.

Die erste benutzt nur die Formeln des § 24. Das Dielektrikum denken wir uns unterteilt durch weitere konzentrische Kugelflächen mit den Halbmessern r_1, r_2, r_3, ... r_{n-1}, sodaß ein System von n hintereinander geschalteten Kondensatoren entsteht. (Abbildung 125). Die Summe der Kehrwerte dieser Kondensatoren gibt den Kehrwert der Gesamtkapazität, wenn wir n über alle Grenzen wachsen lassen, während die Abstände zwischen den einzelnen Flächen sich der Null nähern.

Die Kapazität eines von zwei benachbarten Flächen gebildeten Kondensators berechnen wir als die Summe von sehr vielen parallel geschalteten Plattenkondensatoren. Da die Platten dieser Kondensatoren nicht genau gleich sind, nehmen wir für die Plattengröße einen Mittelwert. Dabei machen wir von einem Satz der Integralrechnung Gebrauch, nach dem dieser Mittelwert zwischen den beiden Randwerten willkürlich ist.· Durch geschickte Wahl dieses Mittelwertes können wir der Berechnung elementare Form geben. Die Kapazität eines Plattenkondensators mit der Plattenfläche F_0 ist

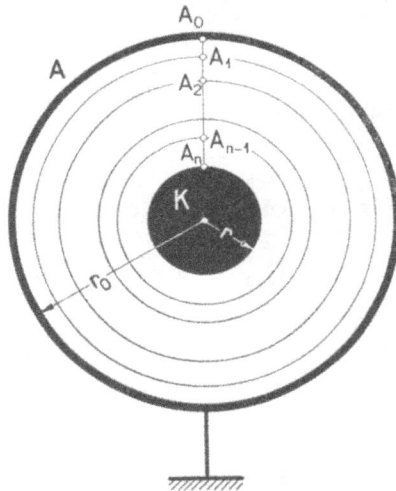

Unterteilter Kugelkondensator.
– 125 –

$$\frac{\varepsilon \cdot F_0}{d} ;$$

verkleinern wir die Plattenfläche bis F_1, so wird die Kapazität

$$\frac{\varepsilon \cdot F_1}{d} .$$

Ein Kondensator, dessen eine Fläche F_0, dessen andere F_1 ist, hat eine dazwischen liegende Kapazität

$$\frac{\varepsilon \cdot F_{01}}{d} ,$$

wobei F_{01} zwischen F_0 und F_1 liegt.

Wir schalten soviel kleine Kondensatoren parallel, daß die eine Plattenschar die Kugel mit dem Halbmesser r_0, die andere die Kugel mit dem Halbmesser r_1 bildet. Dann liegt die Gesamtkapazität zwischen

$$C_0 = \frac{4\,\pi\,\varepsilon\,r_0{}^2}{r_0 - r_1} \quad (d = r_0 - r_1 \,;\; \text{Kugeloberfläche } 4\,\pi\,r_0{}^2)$$

und

$$C_1 = \frac{4\,\pi\,\varepsilon\,r_1{}^2}{r_0 - r_1} \, .$$

Der angekündigte Mittelwert sei

$$C_{01} = \frac{4\,\pi\,\varepsilon\,r_0 \cdot r_1}{r_0 - r_1} \quad (r_1{}^2 < r_0 \cdot r_1 < r_0{}^2) \, .$$

Sein Kehrwert ist

$$\frac{1}{C_{01}} = \frac{1}{4\,\pi\,\varepsilon}\left(\frac{1}{r_1} - \frac{1}{r_0}\right) \, .$$

Für die folgenden Kondensatoren finden wir ebenso:

$$\frac{1}{C_{12}} = \frac{1}{4\,\pi\,\varepsilon}\left(\frac{1}{r_2} - \frac{1}{r_1}\right)$$

$$\frac{1}{C_{23}} = \frac{1}{4\,\pi\,\varepsilon}\left(\frac{1}{r_3} - \frac{1}{r_2}\right)$$

$$\vdots \qquad \vdots$$

$$\frac{1}{C_{n-1,\,n}} = \frac{1}{4\,\pi\,\varepsilon}\left(\frac{1}{r_n} - \frac{1}{r_{n-1}}\right) \, .$$

Der Kehrwert der Gesamtkapazität ist dann

$$\frac{1}{C} = \frac{1}{4\,\pi\,\varepsilon}\left(\frac{1}{r} - \frac{1}{r_0}\right); \quad (r_n = r)$$

und wird durch den oben angedeuteten Grenzübergang nicht mehr geändert. Aus der letzten Formel finden wir

$$C = 4\,\pi\,\varepsilon \, \frac{1}{\dfrac{1}{r} - \dfrac{1}{r_0}} \, .$$

Ist r_0 sehr groß, so wird

$$C = 4\,\pi\,\varepsilon\,r.$$

Beim zweiten Verfahren bringen wir auf K eine Elektrizitätsmenge Q und berechnen die Spannung, die damit K bekommt. Den

Spannungsunterschied zwischen K und A berechnen wir als Liniensumme des Spannungsgefälles längs der Feldlinie $A_0 A_n$ (Abbildung 125); das Spannungsgefälle finden wir aus der Verschiebungsdichte. Wird auf K die Elektrizitätsmenge Q gebracht, so fließt
von der Innenseite von A dieselbe Menge ab. Da die Oberfläche
von A $4 \pi r_0^2$ beträgt, finden wir als Verschiebungsdichte auf A

$$\frac{Q}{4 \pi r_0^2} .$$

Das Spannungsgefälle in A_0 beträgt danach

$$\mathfrak{E}_0 = \frac{Q}{4 \pi \varepsilon r_0^2} .$$

Entsprechend beträgt das Spannungsgefälle in A_1

$$\mathfrak{E}_1 = \frac{Q}{4 \pi \varepsilon r_1^2} .$$

Als Mittelwert längs der Strecke $A_0 A_1$ nehmen wir

$$\mathfrak{E}_{01} = \frac{Q}{4 \pi \varepsilon r_0 r_1} .$$

Diesen multiplizieren wir mit

$$s_1 = r_0 - r_1$$

und finden als „Spannungsschritt" zwischen A_0 und A_1

$$\frac{Q}{4 \pi \varepsilon} \cdot \left(\frac{1}{r_1} - \frac{1}{r_0} \right) ;$$

dazu kommen als weitere Spannungsschritte:

$$\frac{Q}{4 \pi \varepsilon} \left(\frac{1}{r_2} - \frac{1}{r_1} \right)$$

$$\cdot \quad \cdot \quad \cdot$$
$$\cdot \quad \cdot \quad \cdot$$
$$\cdot \quad \cdot \quad \cdot$$

$$\frac{Q}{4 \pi \varepsilon} \left(\frac{1}{r_n} - \frac{1}{r_{n-1}} \right) .$$

Die Liniensumme beträgt

$$\Delta E = \frac{Q}{4 \pi \varepsilon} \left(\frac{1}{r} - \frac{1}{r_0} \right) ; (r_n = r) .$$

Daraus folgt:

$$C = \frac{Q}{\Delta E} = \frac{4 \pi \varepsilon}{\dfrac{1}{r} - \dfrac{1}{r_0}} .$$

Bei sehr großem r_0 wird
$$C = 4 \pi \varepsilon r.$$
Bei der Prüfung dieser letzten Formel durch den Versuch müssen wir wohl beachten, daß sich die Kugel weit von allen mit der Erde verbundenen Gegenständen, insbesondere vom Boden und den Zimmerwänden, befinden muß. Sie wird also in Gestalt eines Globus an einem Seidenband mitten im Raum aufgehängt, dann mittels eines langen Drahtes mit der 220 Voltleitung verbunden; dabei darf die Hand nicht zu nahe an die Kugel herankommen, da sonst eine Kapazitätserhöhung auftritt (Abbildung 126). Dann wird die Kugel über das Coulombmeter nach Abbildung 12 entladen. Der Stoßausschlag gibt die Elektrizitätsmenge Q an. Diese muß sein:
$$Q = 220 \cdot 4 \pi \cdot 8{,}84 \cdot 10^{-14} \cdot r = 2{,}4 \cdot 10^{-10} \cdot r.$$
Die Bedingungen für die Gültigkeit der Formel
$$C = 4 \pi \varepsilon \cdot r$$
werden sehr gut durch die Erdkugel erfüllt. Sie bildet zusammen mit dem Sternensystem einen Kondensator. Setzen wir also $6{,}37 \cdot 10^8$ cm für r ein, so ergibt sich als Kapazität dieses Kondensators
$$708 \cdot 10^{-6} \text{ Farad} = 708 \text{ Mikrofarad.}$$
Könnte man irgendwoher aus dem Weltenraum 1 Coulomb, also soviel Elektrizität, wie durch ein Glühbirnchen in etwa 3 Sekunden fließt, der Erde zuführen, so stiege ihre Spannung um 1450 Volt.

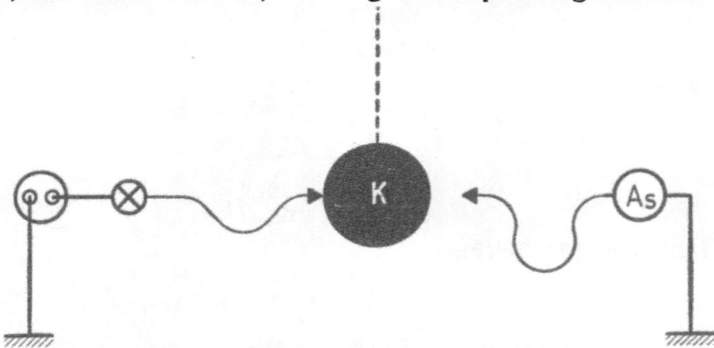

Messung der Kapazität einer frei aufgehängten Kugel.
— 126 —

Tatsächlich hat die Erde um sich ein elektrisches Feld, dessen Feldlinien vor ihr weglaufen. In der Nähe des Erdbodens beträgt die Feldstärke durchschnittlich 1 Volt/cm. Dieses äußere Feld der Erde hat jedoch auf unsere Versuche im Faradaykäfig = Physiksaal überhaupt keinen Einfluß.

§ 29. Berührungsspannung.

In den Faradaybecher der Abbildung 90 stellen wir ein Becherglas mit destilliertem Wasser (Abbildung 127). (Mitunter genügt auch Leitungswasser.) Dann tauchen wir in das Wasser eine Paraffinwalze, die wir vorher durch eine Gasflamme gezogen haben. Ziehen wir die Walze heraus, so zeigt das Elektroskop starke Unter(+)spannung an. Das Paraffin hat dem Wasser Elektronen entzogen. Früher hätte man gesagt, es sei durch Reibung zwischen Paraffin und Wasser „Reibungselektrizität erzeugt" worden. Mit unserer Auffassung verträgt sich das in zweifacher Hinsicht nicht. Nach unseren seitherigen Vorstellungen läßt sich Elektrizität nicht erzeugen, sondern nur Spannung.

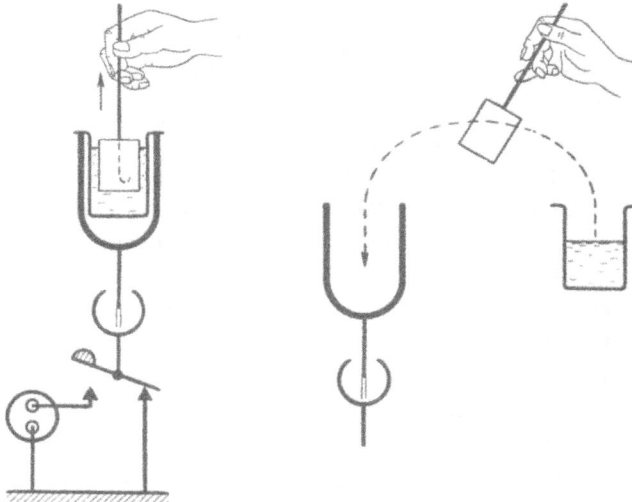

Der Paraffinklotz entzieht dem Wasser Elektronen. Nach dem Herausziehen hat er Ober(−)spannung, das Wasser Unter(+)spannung.

−127−

Dann aber wird in der Mechanik gezeigt, daß es zwischen einem festen Körper und einer Flüssigkeit keine Reibung gibt. (An den festen Körper heftet sich eine Flüssigkeitsschicht und zwischen

6*

dieser und der ruhenden Flüssigkeit spielt sich die Reibung ab. Es ist kein Grund vorhanden, daß von einem Wasserteilchen zum andern Elektronen übergehen.) Hier kommen zwei Vorgänge zusammen, von denen der eine neu, der andere uns schon bekannt ist. Durch die Grenzfläche zwischen Wasser und Paraffin findet eine Umordnung der Elektronen statt. Aus dem Wasser gehen Elektronen auf das Paraffin über, so daß eine Reihe parallel liegender Kondensatoren mit sehr kleinem d ensteht. Beim Herausziehen der Paraffinwalze werden die Feldlinien millionenfach in die Länge gezogen, damit nimmt die Kapazität ab, und die Spannung steigt (vergl. § 6 und 24). Das Wesentliche und Neue ist das Auftreten einer Spannung in einem Kondensator, dessen eine Platte ein Paraffin-, dessen andere ein Wassermolekül ist. (Wir zeigen auch noch, daß auf dem Paraffin Über(—)-spannung herrscht, d. h. wir entfernen den Becher mit Wasser und bringen die Paraffinwalze in den Faradaybecher.) Auf dem molekularen Elektronenübergang beruhten auch die Wirkung des in Band I, § 4 benutzten Schaumgummilappens und alle Erscheinungen, die man einst unter der Überschrift „Reibungselektrizität" zusammenfaßte. Die dabei auftretenden Spannungen sind im Verhältnis zu denen, die durch chemische Pumpen erzeugt werden, sehr hoch. Dagegen ist die Elektrizitätsmenge, die das Paraffin aus dem Wasser nimmt, sehr gering, aber immerhin meßbar. Wir brauchen ja nur den Kloß in einen isolierten Faradaybecher zu stecken und diesen über unser Stoßgalvanometer (Abbildung 12) mit der Erde zu verbinden. Wir finden Mengen von der Größenordnung 10^{-8} Coulomb.

Von dem Stoffe, mitunter auch von der Oberflächenbeschaffenheit, hängt es ab, welcher von zwei sich berührenden Körpern dem andern Elektronen entzieht. Mit zwei isolierten Leitern gelingt der Versuch nicht. Zwar kann sich eine Berührungsspannung ausbilden, beim Auseinanderziehen gehen aber die Elektronen an der Stelle, an der zuletzt die Berührung aufhört, wieder dorthin zurück, woher sie stammen. Mit einem Leiter und einem Isolator läßt sich der Versuch ausführen.

Chemische und Reibungs-Elektrizitätspumpen beruhen beide auf molekularen Vorgängen.

§ 30. Zusammenfassung.

Überblicken wir noch einmal zusammenfassend den Stoff, den wir in diesem Teil bis jetzt behandelt haben. Der wichtigste Begriff ist der des elektrischen Feldes. Wollen wir diesen Begriff definieren, dann ist es eben ein Raum, der gegen den gewöhnlichen Raum dahin verändert ist, daß besondere elektrische Wirkungen auf in ihn gebrachte Leiter auftreten. Stand im Mittelpunkt der Betrachtungen des ersten Teils der Leiter mit seinem Strömungsfeld, so haben wir jetzt den Nichtleiter als Träger des elektrischen Feldes näher untersucht. Dem Leiter mit seinem Leitwert entspricht der Kondensator mit seiner Kapazität, der Stromstärke entspricht die Elektrizitätsmenge. Einen wichtigen Abschnitt nahm darum die Messung der Elektrizitätsmenge mittels des Stoßausschlags eines Galvanometers ein, sodaß wir jetzt mit demselben Instrument Stromstärke, Spannung und Elektrizitätsmengen messen können.

Wir stellen als wichtigste Formeln zusammen:

Größe	Bezeichnung	Benennung	Entsprechend der Formel aus Bd. I, § 28
1. Elektrizitätsmenge	Q	Amperesekunden oder Coulomb.	4.
2. Kapazität	$C = \dfrac{Q}{\Delta E}$	Amperesekunden/Volt oder Farad.	6.
3. Dielektrizitätskonstante	$\varepsilon = \dfrac{C \cdot d}{F}$	Amperesekunde/Volt cm	8.
5. Spannungsgefälle (später auch Feldstärke genannt).	$\mathfrak{E} = \dfrac{\Delta E}{d}$	Volt/cm	9.
6. Verschiebungsdichte	$\mathfrak{D} = \dfrac{Q}{F}$	Amperesekunden/cm²	

7. Liniensumme des Spannungsgefälles.

$$\Sigma\,\mathfrak{E}_n\,s_n = \mathfrak{E}_1\,s_1 + \mathfrak{E}_2\,s_2 + \ldots \mathfrak{E}_n\,s_n = \Delta E \qquad \text{Volt} \qquad 11.$$

Formel 5 und 7 stimmen überein mit den Formeln 9 und 11 aus Band I, § 28. Im übrigen erklärt sich der Zusammenhang der obigen Formeln mit denen im ersten Bande aus dem Ergebnis des § 18, wonach ein in der Sekunde sich n-mal entladender Kondensator gleichwertig mit einem Leiter der Leitfähigkeit n . C ist.

IV. Mechanische und elektrische Größen.

§ 31. Maßsysteme.

Das Kilogrammkraft-Meter-Sekunden-System der Mechanik beruht auf drei Maßeinheiten und drei Meßverfahren mit den Apparaten: Waage, Maßstab und Uhr. Die drei Einheiten sind derart festgelegt, daß eine Veränderung der Originaleinheiten, soweit dies überhaupt möglich, ausgeschlossen ist, und daß Kopien jederzeit auf ihre Übereinstimmung mit jenen geprüft werden können. Damit sind die beiden Hauptforderungen erfüllt, die wir an jede Maßeinheit stellen müssen. Zu diesen Einheiten kommt in der Wärmelehre der Grad als Maßeinheit für die Temperatur und wird dort rein mit Hilfe von Wärmewirkungen festgelegt. Das Meßverfahren besteht in der Ablesung am Thermometer. Später wird mit Hilfe des Grades die Kalorie definiert. Wärmevorgänge können mechanische Wirkungen hervorrufen und umgekehrt — wir erwähnen Dampfmaschine und Reibung —; daraus ergibt sich die Aufgabe, den Zusammenhang zwischen mechanischen und kalorischen Größen herzustellen. Dieser folgt unter anderem aus der Erkenntnis, daß durch eine Rührarbeit von 427 kgm die Temperatur von 1000 g Wasser um 1 Grad erhöht wird. Daraus ergibt sich die Gleichung

427 kgm (Kilogrammkraftmeter) = 1 Cal (Kilogrammkalorie)

und umgekehrt

$$0,00234 \text{ Cal} = 1 \text{ kgm}.$$

Danach können wir eine Arbeit in Kilogrammkraftmeter und in Kalorien ausdrücken.

Die beiden elektrischen Einheiten Volt und Ampere haben wir im ersten Teil mittels elektrochemischer Erscheinungen festgelegt. Die geeichten Meßinstrumente, die wir entwickelten, stehen an Einfachheit der Handhabung dem Thermometer nicht nach. Sie lassen sich jederzeit nachprüfen (vergl. I, §§ 19 und 24). Silbervoltameter, Waage, Uhr und Normalelement genügen großen Ansprüchen auf Genauigkeit. Das Heben der Elektroskopblättchen bedeutet eine mechanische Wirkung der Elektrizität; bei der Heizsonne beobachten wir eine Wärmewirkung, hervorgerufen durch einen elektrischen Vorgang. Wie oben bei der Wärme stehen wir vor der Aufgabe, den zahlenmäßigen Zusammenhang zwischen elektrischen Größen auf der einen, mechanischen und kalorischen auf der andern aufzuweisen.

§ 32. Elektrische Kraft.

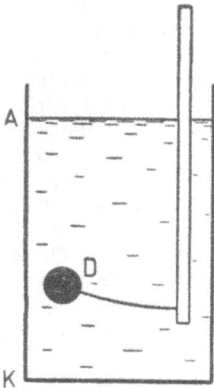

Auftrieb im hydrostatischen Feld.

−128−

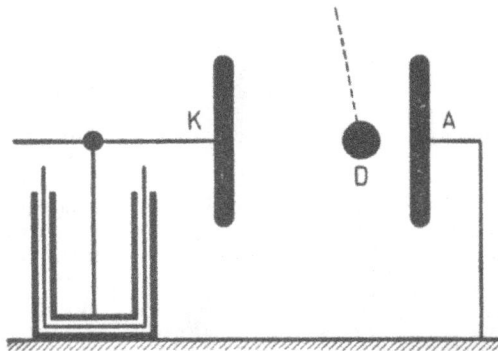

Eine elektrische Kraft wirkt im Feld auf ein isoliertes geladenes Kügelchen.

−129−

Parallelversuche.

Hydrostatisches Feld.

Ein Holzstäbchen trägt am unteren Ende (Abbildung 128) eine dünne Feder (Laubsägeblatt) und diese eine luftgefüllte Hohlkugel (Celluloidball). Wir tauchen die Kugel in einen Standzylinder, dann stellen wir in diesem ein hydrostatisches Feld her (vergl. § 25), indem wir Wasser eingießen. Die Kugel schlägt jetzt nach oben aus. Der Ausschlag ist unabhängig von der Eintauchtiefe, umso größer, je größer das

Elektrisches Feld.

An einem Seidenfaden hängen wir zwischen zwei große Kondensatorplatten ein mit Stanniol umwickeltes Kügelchen aus Sonnenblumenmark (Abbildung 129). Der Kondensator wird geladen. Dann bekommt auch das Kügelchen eine Ladung Q', am einfachsten durch Influenz, d. h., wir berühren es auf der Seite, von der die Feldlinien kommen, mit einer isolierten Probekugel (Abbildung 42 links). Das

Volumen V' der Kugel und das spezifische Gewicht der Flüssigkeit, oder was nach § 25 dasselbe ist, das Druckgefälle 𝔭 sind.

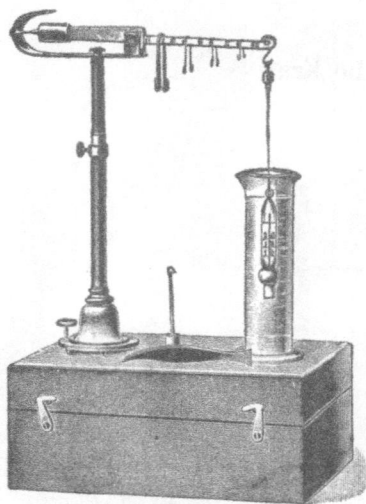

Hydrostatische Waage.

— 130 —

Pendelchen schlägt in der Richtung der Feldlinien aus. Bewegen wir den Aufhängepunkt, sodaß das Kügelchen an verschiedene Stellen des Feldes kommt, so bleibt der Ausschalg derselbe. Er wird jedoch größer, wenn wir die Ladung des Kügelchens vergrößern. Das erreichen wir dadurch, daß wir das Kügelchen zum zweiten Mal mit der vorher entladenen Probekugel berühren(Schattenprojektion).

Der Ausschlag nimmt weiter zu mit dem Spannungsgefälle 𝔈 durch Vergrößerung der Spannung auf K, d. h. wir pumpen noch mehr Elektronen auf K. Zum andern nähern wir die Platten einander; damit dabei die Spannung nicht sinkt, ist parallel zum Kondensator K A eine große Leidener Flasche geschaltet. Wir stellen also fest: Im elektrischen Feld wirkt auf einen geladenen Körper eine „elektrische Kraft". Die Größe dieser Kraft wächst mit der Ladung des eingebrachten Körpers und mit dem Spannungsgefälle. Diese elektrische Kraft ist etwas ganz anderes als die „elektromotorische Kraft". So wird leider noch häufig die Spannung genannt, obwohl diese in keinem Maßsystem die Dimension einer Kraft hat. Das Wort „elektromotorische Kraft" für Spannung gehört geradeso zum alten Eisen wie die Bezeichnung „lebendige Kraft" für Wucht.

Elektrische Waage.

— 131 —

Der Zusammenhang zwischen dem „Auftrieb" 𝔗, dem Volumen des eingetauchten Körpers V' und dem Druckgefälle 𝔭 wird hergestellt durch das Gesetz des Archimedes: $\mathfrak{T} = \mathfrak{p} \cdot V'$.

Genau so läßt sich die elektrische Kraft 𝔎 berechnen aus dem Produkt aus der Ladung Q' und dem Spannungsgefälle 𝔈. Um dies nachzuweisen, benutzen wir die elektrische Waage.

Die hydrostatische Waage besteht aus einem Waagebalken, an diesem hängt ein „Tauchkörper" in einem mit Luft gefüllten Standzylinder (Abbildung 130). Die Waage wird ins Gleichgewicht gebracht; dann wird in den Zylinder Flüssigkeit gegossen.

Dadurch wird der Tauchkörper um $\mathfrak{T}$ g „leichter". Durch Verschieben von Gewichtstücken wird die Waage wieder ins Gleichgewicht gebracht und die Größe $\mathfrak{T}$ gefunden.

Ein Waagebalken aus Quarz trägt an einem Ende eine dünne Aluminiumscheibe (Abbildung 131). Diese wird zwischen den Platten eines Kondensators ins Gleichgewicht gebracht, dann bekommt sie durch Verbindung mit der städtischen Leitung eine Ladung.

Danach stellen wir im Kondensator ein elektrisches Feld her; pumpen wir auf die untere Platte Elektronen, so laufen die Feldlinien von unten nach oben (Abbildung 132). Die Aluminiumplatte wird um a g „leichter". Durch Verschieben des Reiters R wird wieder Gleichgewicht hergestellt und die Größe von a gefunden, sie wird in Grammkraft gemessen.

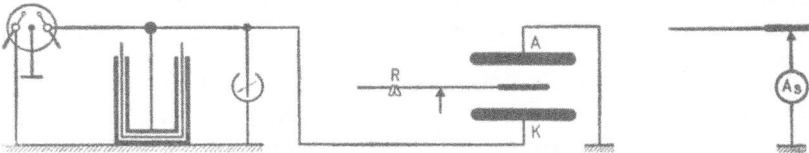

Geladene Platte im Kondensatorfeld. Rechts Bestimmung ihrer Ladung mittels des Stoßgalvanometers. Elektrometer nach Abbildung 4.

$-132-$

Die elektrischen Größen finden wir so: Das Braunsche Elektrometer gibt ΔE unmittelbar an, ΔE gibt zusammen mit dem Abstand der Kondensatorplatten das Spannungsgefälle. Die Aluminiumplatte wird aus dem Feld genommen und über das Stoßgalvano- nach Abbildung 12 entladen. Damit finden wir die Ladung der Platte Q' in Amperesekunden. Wir bilden das Produkt

$$b = \mathfrak{E} \cdot Q' \quad \text{Amperesekunden Volt/cm.}$$

Sorgfältigste, mehrfache Wiederholung des Versuchs unter Änderung von $\mathfrak{E}$ und Q' ergibt als Konstante

$$a/b = 0{,}102 \cdot 10^5,$$

woraus folgt:

$$a = b \cdot 0{,}102 \cdot 10^5.$$

Als neue Krafteinheit führen wir ein:

1 Wattsekunde/cm.

Die Kraft eine Wattsekunde/cm wirkt auf einen Körper mit der Ladung 1 Amperesekunde an der Stelle eines elektrischen Feldes, wo das Spannungsgefälle oder, wie man in diesem Falle auch sagt, die Feldstärke ein Volt/cm beträgt.

Die Kraft, die auf die Aluminiumscheibe wirkte, betrug einmal:

$$a \text{ Grammkraft,}$$

zum andern:

$$b \text{ Wattsekunden/cm,}$$

und es gilt die Gleichung:

$$a \text{ Grammkraft} = b \cdot 0{,}102 \cdot 10^5 \text{ Grammkraft} = b \text{ Wattsekunden/cm.}$$

Daraus folgt:

$$1 \text{ Wattsekunde/cm} = 0{,}102 \cdot 10^5 \text{ Grammkraft,}$$

und umgekehrt:

$$1 \text{ Grammkraft} = 9{,}8 \cdot 10^{-5} \text{ Wattsekunden/cm.}$$
$$1 \text{ Kilogrammkraft} = 9{,}8 \cdot 10^{-2} \text{ Wattsekunden/cm.}$$

Statt der Wattsekunde/cm wird auch mitunter die kleinere Einheit Wattsekunde/m gebraucht. Es gelten die Gleichungen:

$$1 \text{ Wattsekunde/cm} = 100 \text{ Wattsekunden/100 cm}$$
$$= 100 \text{ Wattsekunden/m.}$$
$$1 \text{ Wattsekunde/m} = 0{,}102 \text{ Kilogrammkraft.}$$
$$1 \text{ Kilogrammkraft} = 9{,}8 \text{ Wattsekunden/m.}$$

Wir fassen zusammen: Im Volt-Ampere-Sekunden-System wird die Kraft gemessen in Wattsekunden/cm. Beträgt die Feldstärke $\mathfrak{E}$ Volt/cm, die Ladung eines Körpers Q' Amperesekunden, so beträgt die Kraft

$$\mathfrak{E} \cdot Q' \text{ Wattsekunden/cm.}$$

Multiplizieren wir diese Zahl mit $0{,}102 \cdot 10^5$, so erhalten wir die Anzahl der Grammkraft, die jene Kraft im mechanischen Maßsystem mißt.

In dem Versuch der Abbildung 129 haben wir dem Kügelchen eine Überladung gegeben; wir können ihm ebensogut Elektronen entziehen, wenn wir es mit der Probekugel auf der Seite berühren, nach der die Feldlinien hinlaufen. Damit ändert Q' sein Vorzeichen und damit die Kraft ihre Richtung. Auf einen unter(+)ladenen Körper wirkt also eine Kraft entgegen den Feldlinien.

§ 33. Ergänzende Versuche.

Der Zusammenhang zwischen Feldstärke, Ladung und elektrischer Kraft läßt eine Reihe von mechanischen Erscheinungen erklären. Davon haben wir eine schon im vorigen Paragraphen vorausgenommen, die Wirkung des elektrischen Feldes auf ein Kügelchen mit Über(—)ladung oder mit Unter(+)ladung.

Die dort benutzte Probekugel können wir durch ein zweites D gleiches Kügelchen D_2 ersetzen Wir verbinden D_1 und D_2 durch einen leitenden Zwirnfaden und hängen beide nach Abbildung 133 an einen Seidenfaden ins homogene Feld. Dann entstehen auf D_1 und D_2 nach § 26 gleiche Ladungen entgegengesetzter Art, D_1 und D_2 bewegen sich im Feld auseinander; beide entfernen sich aus ihrer Ruhelage nach verschiedenen Seiten gleichweit, da sie sich an Orten gleicher Feldstärke befinden. Eine einzige Kugel, die an einem Seidenfaden spannungslos ins homogene Feld gebracht wird, bleibt in Ruhe (Abbildung 134). Zwar entsteht auf der einen Hälfte eine Unterladung, auf der andern eine gleiche Überladung, die beiden Hälften befinden sich aber wieder an Stellen gleicher Feldstärke; die gleichen entgegengesetzten Kräfte heben einander auf. Soweit gilt aber alles nur für das homogene Feld.

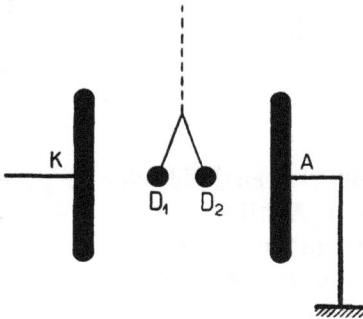

Im homogenen Feld spreizen D_1 und D_2
auseinander.

—133—

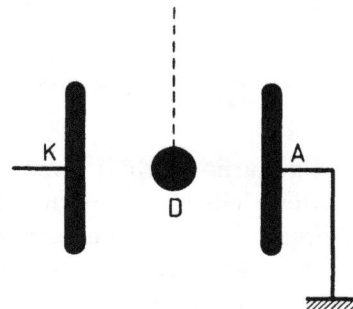

Die isolierte Kugel D bleibt im homogenen
Feld vollkommen in Ruhe.

—134—

Im inhomogenen Feld, etwa zwischen einer großen Platte und einer Kugel, verlaufen die Versuche ganz anders. Die beiden verbundenen Kugeln D_1 und D_2 bekommen zwar auch entgegenge-

seßt gleiche Ladungen, aber das der Kugel A zugewandte Kügelchen
wird wegen der größeren Feldstärke seines Ortes weiter aus seiner
Ruhelage herausgezogen als das andere (Abbildung 135). Dementsprechend bewegt sich auch das Kügelchen D, das spannungslos ins inhomogene Feld gebracht wird, in der Richtung, in der
die Feldstärke zunimmt, also in unserem Beispiel auf die Kugel
zu (Abbildung 136), einerlei in welcher Richtung die Feldlinien
laufen.   Hierhin gehört auch der bekannte Versuch mit dem geriebenen Hartgummistab, der dem isoliert aufgehängten Kügelchen
genähert wird.   Da die Feldstärke in der Richtung auf den Stab
zunimmt, bewegt es sich auf diesen zu (vergl. Abbildung 35);
kommt es mit ihm in Berührung, so gehen vom Stab Elektronen
auf das Körperchen über, und es wird im Felde in der Richtung
vom Stab weggetrieben.

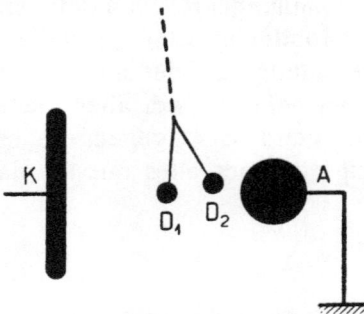

Im inhomogenen Feld wird D2 stärker
abgelenkt als D1.

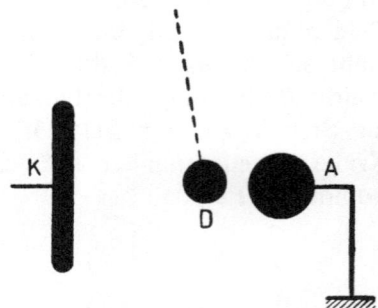

Im inhomogenen Feld schlägt D aus.

— 135 —   — 136 —

Eigenartig verhält sich im elektrischen Feld ein länglicher,
isolierter, leitender Körper. In der Abbildung 137 sind zwei
Kügelchen leitend miteinander verbunden. Sie bekommen im
Feld zunächst durch Influenz entgegengesetzte Ladungen. Steht
ihre Verbindungslinie schräg zu den Feldlinien, so wirken auf die
Kügelchen Kräfte in entgegengesetzter Richtung und drehen sie,
bis die Verbindungslinie in der Richtung der Feldlinien verläuft.
Darauf beruht die „elektrische Nadel"; ein Stückchen Aluminium-
blech ist wie eine Magnetnadel um eine senkrechte Achse drehbar.
Isoliert ins Feld gebracht stellt es sich in der Richtung der Feldlinien ein (Abbildung 138).

An Stelle des zweiten Kügelchens in Abbildung 137 kann auch die Erde treten. Wird ein Kügelchen ins Feld gebracht, das über einen Zwirnsfaden mit der Erde verbunden ist, so bekommt es durch Influenz eine Ladung, es bewegt sich auf die spannungführende Kondensatorhälfte zu (vgl. Abbildung 36).

Hat die eine Kondensatorhälfte Über(—)spannung, die andere Unter(+)spannung, so gibt es zwischen ihnen eine Fläche, auf der die Spannung Null ist. Dort befindet sich das geerdete Kügelchen im (labilen) Gleichgewicht, außerhalb dieser Zone bewegt es sich von dieser Fläche weg. Ein Kügelchen, das mit einer Kondensatorplatte verbunden ist, bekommt von ihr aus Ladung und entfernt sich im Feld von ihr.

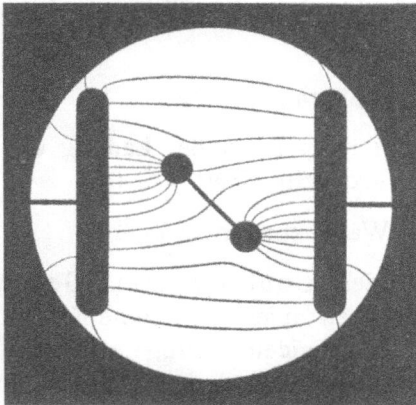

Zeichnung nach Feldlinienbild. Die elektrischen Kräfte suchen die Verbindungsstrecke der beiden Kügelchen in die Richtung der Feldlinien zu drehen.

— 137 —

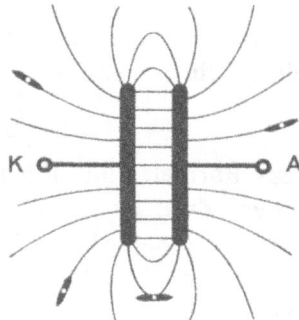

Elektrische Nadel.

— 138 —

Auf diesen Erscheinungen beruhen auch die verschiedenen Elektroskop- und Elektrometerformen. Schon im ersten Teil haben wir das Elektroskop zum Anzeigen der Spannung benutzt. Damals sagten wir: Blättchen und Gehäuse ziehen sich gegenseitig an (Abbildungen 37 und 38). Es kann natürlich geradesogut behauptet werden: „Die beiden Blättchen stoßen einander ab". Das ist nur ein Streit um die Worte „anziehen" und „abstoßen"; diese waren in der alten, heute verlassenen „Fernwirkungstheorie" am

Plätze; von unserem Standpunkt aus können wir nur sagen: Da zwischen den Blättchen und ihrer Umgebung ein Spannungsunterschied herrscht, besteht ein elektrisches Feld, und die in diesem Feld wirkenden Kräfte bewegen das eine Blättchen nach links, das andere nach rechts.

Beim Quadrantenelektrometer befindet sich die Nadel als geladener Körper zwischen den beiden Kondensatorhälften, die durch die Quadrantenpaare dargestellt werden. Die Hilfsspannung gibt der Nadel eine so große Ladung, daß die elektrische Kraft groß wird, wenn auch der Feldstärkefaktor klein ist.

§ 34. Kraft im Feld einer geladenen Kugel. Spitzenwirkung.

In § 28 (Seite 81) hatten wir gesehen, daß in einem Punkt P, der um die Strecke r vom Kugelmittelpunkt entfernt ist, die Feldstärke

$$\mathfrak{E} = \frac{Q}{4\,\pi\,\varepsilon\,r^2} \text{ (Volt/cm)}$$

beträgt. Befindet sich in P ein Körper mit der Ladung Q', so beträgt die auf ihn wirkende elektrische Kraft

$$\mathfrak{K} = \frac{Q\,.\,Q'}{4\,\pi\,\varepsilon\,r^2} \text{ (Wattsekunden/cm)}.$$

Diese Formel gibt den Inhalt des Coulombschen Gesetzes wieder: Zwei geladene Körper üben aufeinander eine Kraft aus, die proportional ist dem Produkt der beiden Ladungen, umgekehrt proportional der Dielektrizitätskonstante und dem Quadrat ihrer gegenseitigen Entfernung.

Die Feldstärke auf der Oberfläche einer Kugel mit dem Halbmesser r und der Ladung Q beträgt wie oben:

$$\mathfrak{E} = \frac{Q}{4\,\pi\,\varepsilon\,r^2} \ .$$

Die Kapazität einer solchen Kugel beträgt nach § 28 mindestens

$$C = 4\,\pi\,\varepsilon\,r \ .$$

Dann ist

$$Q = C\,.\,\Delta E = 4\,\pi\,\varepsilon\,r\,.\,\Delta E$$

und

$$\mathfrak{E} = \frac{\Delta E}{r} \ .$$

Je kleiner r, um so größer wird die Kraft, die an der Kugel-oberfläche auf eine dort befindliche Elektrizitätsmenge wirkt.

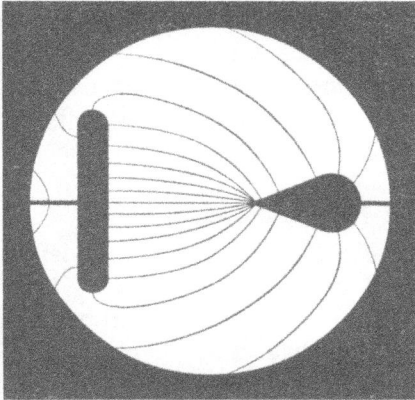

Spitzenwirkung. Abbildung nach einem Feldlinienbild.
—139—

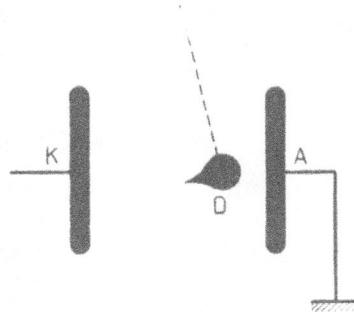

Ablenkung eines mit einer Spitze versehenen Kügelchens im elektrischen Feld.
—140—

Eine an einem Körper befindliche Spitze können wir als Teil einer sehr kleinen Kugel auffassen; die Feldstärke kann auf ihr so groß werden, daß die Elektronen den Leiter verlassen und ins Dielektrikum übergehen, wo sie sich an die nächsten erreichbaren Moleküle anheften. Ist dieses Luft, so kommen die geladenen Moleküle im Felde in Bewegung, und es tritt die Erscheinung auf, die als „elektrischer Wind" bezeichnet wird. Dieser läßt sich mittels einer Kerzenflamme nachweisen. Besonders schön läßt sich diese Strömung auch in unserm schon so oft benutzten Gemisch aus Grieß und Rizinusöl darstellen. Wir beobachten, wie die Grießlinien an der Oberfläche entlang bis zur Spitze gleiten und sich dann ablösen (Abbildung 139). Hat die Spitze Unter(+)spannung, so verläuft die Erscheinung äußerlich geradeso; die Teilchen des Dielektrikums geben Elektronen an die Spitze ab, bekommen dadurch Unter(+)ladung und bewegen sich den Feldlinien entgegen von der Spitze weg. Stecken wir durch ein isoliertes Kügelchen waagerecht eine Nadel und bringen es so ins elektrische Feld, daß die Nadel tangential zu den Feldlinien steht, so bewegt es sich in der entgegengesetzten Richtung wie die Spitze zeigt (Abbildung 140); wenn wir es grob sinnlich

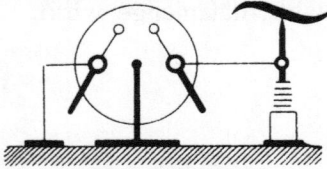

Elektrisches Flugrad.
— 141 —

ausdrücken wollen: An der Spitze können Feldlinien nicht haften, sondern reißen samt den an ihren Enden sitzenden Ladungen ab. Auf dieser Erscheinung beruht auch das elektrische Flugrad der Abbildung 141.

§ 35. Das elektrische Elementarquantum.

Schon im ersten Teil haben wir den Begriff Elektron als den des negativen Elektrizitätsatoms eingeführt. Die Ladung eines Körpers entsteht durch Zuführen oder Wegnehmen von Elektronen. Es ist nun eine grundsätzliche Frage, ob zwei nicht identische Elektronen dieselbe Ladung hervorbringen. Diese Frage wird durch den sogenannten Millikanversuch in eindeutigster Weise geklärt. Um diesen Versuch, der mit mikroskopisch kleinen geladenen Körperchen anzustellen ist, verständlich zu machen, geben wir zunächst den bekannten Seifenblasenversuch wieder.

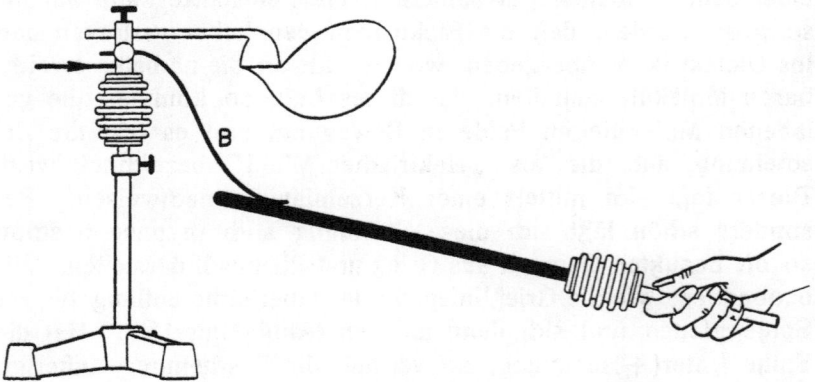

Gleichzeitiges Laden von Seifenblase und Kondensatorplatte.
— 142 —

Eine Stielklemme trägt nach Abbildung 142 ein kleines Pfeifchen, der Stiel ist aus Metall, der Kopf aus Holz, die Öffnung ist nach unten gerichtet, sodaß sich ein Schälchen mit Seifenlösung heranbringen läßt. Der ganze Kopf wird mit Seifenlösung getränkt. Außerdem trägt die Stielklemme ein Blech B von der Form wie in Abbildung 142. Während wir in den am Pfeifenstiel sitzenden Gummischlauch blasen, pumpen wir gleichzeitig Elektronen auf die entstehende Seifenblase und halten eine große Kondensatorplatte nach Abildung 142 so an B, daß sie zusammen mit der Blase geladen und daß diese im Felde von dem Röhrchen abgedrängt wird. Sobald sie abfliegt, können wir sie durch geschicktes Handhaben der Kondensatorplatte zum Schweben bringen. Durch eine zweite, nicht geladene Kondensatorplatte können wir das Feld noch verändern, die Blase steigen und sinken lassen. Die Abbildungen 143 und 144 zeigen denselben Versuch mit einem Kollodiumball statt der Seifenblase. Wenn der Ball schwebt, ist sein Gewicht gleich der auf ihn wirkenden elektrischen Kraft.

Kollodiumball statt Seifenblasen.
—143—

Geladener Kollodiumball im elektrischen Feld.
—144—

Parallelversuch.

In einen Standzylinder mit Wasser kommt ein rohes Hühnerei vom Gewicht G. Durch Zufügen gesättigter Kochsalzlösung bringen wir es zum Schweben. Bestimmen wir mittels eines Aräometers das spezifische Gewicht $\mathfrak{p}$ der Flüssigkeit, so können wir aus diesem und G das Volumen des Eies berechnen.

$$V = \frac{G}{\mathfrak{p}}.$$

Millikanversuch.

In ein elektrisches Feld, das sich vor dem Objektiv eines Mikroskops befindet, werden mittels einer Düse feine Öltröpfchen gesprüht. Diese erweisen sich als geladen. Bei Berührung mit den Wänden der Düse nahmen sie Elektronen auf (§ 29). Das Gewicht G eines solchen Tröpfchens läßt sich errechnen aus dem spezifischen Gewicht des Öls und dem Durchmesser, der mikroskopisch ausgemessen wird. Die

Feldstärke $\mathfrak{E}$ läßt sich durch Änderung
der Spannung so einrichten, daß das
Tröpfchen steigt, schwebt oder sinkt.
Ist Q' die Ladung des Tröpfchens, so
ist im Falle des Schwebens:

$$G = \mathfrak{E} . Q' . \text{(Wattsekunden/cm)},$$

$$Q' = \frac{G}{\mathfrak{E}} \text{ Coulomb.}$$

(G gemessen in Wattsekunden/cm)

Solche Versuche wurden mit größter Sorgfalt wiederholt unter
Beobachtung nicht nur des Schwebens, sondern auch des Steigens
und Fallens und führten immer wieder zu demselben für unser
heutiges Weltbild grundlegenden Ergebnis:

Alle beobachteten Ladungen Q' sind ganzzahlige Viel-
fache von

$$1{,}6 . 10^{-19} \text{ Coulomb,}$$

einerlei ob es sich um Über(—)ladungen oder Unter(+)la-
dungen handelt. In dieser Zahl sehen wir das „elektrische
Elementarquantum”, d. h. die Elektrizitätsmenge, die das
einzelne Elektron darstellt. Ein Elektron bedeutet genau dieselbe Elektrizitätsmenge wie das andere.

$0{,}63 . 10^{19}$ ist die Anzahl der in der Elektrizitätsmenge
1 Coulomb enthaltenen Elektronen.

Durch den Millikanversuch ist der atomistische Aufbau der Elektrizität sichergestellt.

§ 36. Elektrische Felder innerhalb der Moleküle.

In § 21 haben wir darauf hingewiesen, daß jedes Molekül
Elektronen enthält. Wir vervollständigen diese Anschauung. Nach
unserer heutigen wissenschaftlichen Erkenntnis hat sich folgende
Auffassung vom Aufbau des Moleküls als zweckmäßig erwiesen.
Das Atom besteht aus einem Kern und Elektronen, der Kern hat
Unter(+)spannung; auf ihm endigen die Feldlinien, die von den
Elektronen ausgehen. Somit liegen die Anfänge und die Enden
der Feldlinien innerhalb des Atoms, nach außen gehen wie bei
einem geladenen Kugelkondensator keine Feldlinien. Das Atom
ist als Ganzes spannungslos, und dies gilt auch für Atomgruppen,
für Moleküle. Werden einem solchen Molekül noch weitere Elektronen angegliedert, so gehen von diesen Feldlinien nach außen,

es zeigt Über(—)spannung und heißt „über(—)ionisiert". Werden einem spannungslosen Molekül Elektronen entzogen, so wird es „unter(+)ionisiert". Ein unter(+)ionisiertes Molekül hat in seiner Umgebung ein elektrisches Feld, dessen Feldlinien auf das Molekül zulaufen. Ionisierte Moleküle heißen kurz „Ionen." Über(—)ionen werden meist „Anionen", Unter(—)ionen „Kationen" genannt. Bei der Leitung in Metallen strömen nur die Elektronen, eine Bewegung von Ionen in Metallen ist eine höchst seltene Ausnahme. Wir werden aber bald Strömungsfelder kennen lernen, in denen der Elektrizitätstransport durch Ionen geschieht.

V. Elektrisches Feld und Strömungsfeld.

§ 37. Arbeit im Feld.

Um einen Kondensator zu laden, müssen wir Elektrizität pumpen, also Arbeit leisten. Arbeit kann nicht verschwinden, sondern nur ihre Gestalt wechseln. Die mechanische Arbeit, die wir beim Drehen der Pumpe in die Maschine hineinstecken, tritt als elektrische Arbeitsfähigkeit des Feldes wieder zu Tage. Statt Arbeitsfähigkeit sagen wir auch Energie. Die im Felde aufgespeicherte Arbeit können wir veranlassen, sich in andere Energieformen umzusetzen; wir können die Feldenergie in die Wucht eines bewegten Körpers verwandeln. Bringen wir in das Feld einen beweglichen über(—)ladenen Körper, so bewegt er sich in der Richtung der Feldlinien, ein unter(+)ladener den Feldlinien entgegen. Das zeigten wir mit dem Kügelchen der Abbildung 134. Wir bringen es an einem Seidenfaden ins Feld und zur Berührung mit der Platte K, dadurch bekommt es Über(—)ladung, wird beschleunigt, prallt auf die Platte A auf, gibt nicht nur seinen Überschuß an Elektronen ab, sondern sogar noch mehr, bekommt dadurch Unter(+)ladung, bewegt sich den Feldlinien entgegen nach K, und dann beginnt das Spiel von Neuem. Das Kügelchen pendelt so lange zwischen den beiden Kondensatorplatten hin und her, bis die Feldenergie soweit erschöpft ist, daß die elektrische Kraft nicht mehr zur Bewegung des Kügelchens hinreicht. Wollen wir das vermeiden, so müssen wir wieder mechanische oder auch chemische Energie in elektrische verwandeln und damit den Verlust ersetzen. Darauf beruhen die beliebten elektrischen Spielzeuge wie elektrischer Kugeltanz und elektrisches Glockenspiel. Wir haben zu fragen: „In welcher Form tritt die verschwundene Feldenergie wieder auf?"

Bei der Bewegung des Kügelchens im Feld wirken Kräfte, die das Kügelchen „bremsen"; dabei treten Reibung und Erwärmung auf. Es erwärmen sich außer dem Kügelchen die Kondensatorplatten und die Luft zwischen ihnen; mag die Temperaturerhöhung auch noch so gering sein, an ihrem Vorhandensein besteht kein Zweifel. Die aus der Feldenergie entstandene Wärme „verkrümelt" sich, sie wird an die Umgebung abgegeben.

Wir müssen also neben der Erwärmung des Kügelchens selbst unterscheiden: Die Erwärmung des Mittels, durch das sich das Kügelchen bewegt, und des Körpers, auf den das Kügelchen aufprallt. Dafür noch ein rein mechanisches Beispiel: 1 g Mehl, das sich 1 m über dem Erdboden befindet, hat eine Lageenergie (Macht) von 100 Grammkraftzentimeter. Lassen wir es zerstäubt fallen, so sinken die kleinen Mehlteilchen ganz langsam mit konstanter Geschwindigkeit zu Boden, sie werden durch den Luftwiderstand gebremst. Machen wir den Versuch im luftleeren Raum (Fallröhre), so werden die Mehlteilchen während des ganzen Falls beschleunigt, gebremst erst dann, wenn sie unten auftreffen. In jedem Fall tritt eine Wärmemenge auf, die jenen 100 Grammkraftzentimetern entspricht, das sind $2{,}34 \cdot 10^{-6}$ Cal (Kilogrammkalorien). Zu diesen beiden Erscheinungen gibt es auf elektrischem Gebiet zwei ganz entsprechende, wobei statt der Mehlteilchen die Elektronen zu setzen sind. Wir unterscheiden:

1. Die Elektronen wandern durch ein Feld, in dem sich keine Materie befindet: Elektronenröhre.

2. Das Feld ist erfüllt von den Molekülen des Leiters; die Elektronen bewegen sich durch diese hindurch: Metallischer Leiter.

In jedem dieser beiden Fälle entsteht ein Strömungsfeld.

§ 38. Die Elektronenröhre mit zwei Elektroden.

Die durch den Rundfunk heute so weit verbreitete Elektronenröhre (Abbildung 145) beruht auf der Wirkung elektrischer Felder. In einem praktisch luftleeren Glaskolben befinden sich als Elektroden: K in Gestalt eines dünnen Metalldrahtes, A in Gestalt eines Metallbleches. Die Zuleitungen sind in die Glaswand eingeschmolzen. Wir erzeugen zwischen K und A ein elektrisches Feld; die Spannung von etwa 40 Volt liefert eine Batterie, wir pumpen (Abbildung 146) aus A Elektronen ab, sodaß die Feldlinien von K nach A laufen. Außer dem Ladungsstrom beim Entstehen des

Feldes kann in dem so geschaffenen „Kreis" kein Strom fließen. Der „Faden" K hat zwei Zuleitungen, wir verbinden diese mit den Polen einer Batterie aus zwei Akkumulatoren und bringen ihn dadurch zum Glühen; jetzt zeigt das hinter A eingeschaltete Galvanometer (nach Abbildung 53) einen Strom an. Was ist geschehen?

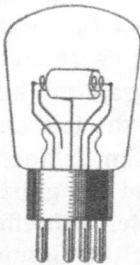

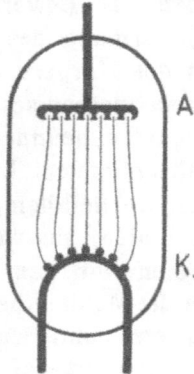

Elektronenröhre.   Feld im Innern der Röhre.

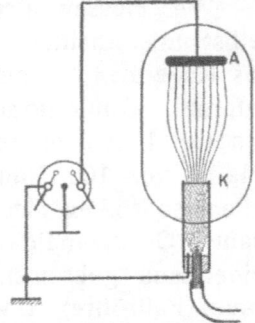

Modell der Elektronenröhre. Die Elektronen werden dargestellt durch geladene Wassertröpfchen, die aus dem Sprühzylinder emporspritzen.

— 145 —   — 146 —   — 147 —

Solange der Faden K kalt ist, können aus ihm keine Elektronen austreten. Wird er jedoch geglüht, so bildet sich um ihn eine Wolke von verdampften Elektronen, auf jedes Elektron wirkt eine Kraft, deren Größe durch Ladung und Feldstärke bedingt ist; die Elektronen kommen in Bewegung in der Richtung der Feldlinien und fliegen hinüber nach A. Dem elektrischen Feld überlagert sich ein Strömungsfeld. K nennen wir in diesem Fall Kathode, A Anode; die Elektronen wandern also in der Richtung der Feldlinien von der Kathode zur Anode.

Zu diesem Versuch gibt es einen sehr schönen Modellversuch. Die Glashülle lassen wir weg, d. h. wir benutzen Luft als Dielektrikum, die Elektronen stellen wir durch Wassertröpfchen dar. Ein Glaszylinder K ist unten durch einen Gummistopfen verschlossen und bis obenhin mit einer Kochsalzlösung gefüllt, diese wird über einen von unten eingeführten Draht geerdet. Darüber hängt isoliert die kreisrunde Platte A, und aus ihr pumpen wir nachher mit einer Influenzmaschine Elektronen (Abbildung 147). Durch den Gummistopfen am Boden ist ein kegelförmig spitz abgedrehtes Stück Spanischrohr geführt; durch seine feinen Längsporen pressen wir Luft, sie steigt in feinen Blasen auf; diese zerplatzen an der Oberfläche und erzeugen eine Wolke von aufsteigenden und zurückfallenden Wassertröpfchen (Abbildung 148). Der Kochsalzzusatz hat nur den Zweck, das Schäumen der Flüssigkeit zu vermindern; denn sobald sich eine Schaumschicht bildet, hört der Sprühregen auf. Drehen wir jetzt die Maschine, so fallen die feinen Wassertröpfchen nicht mehr zurück, sondern gehen hinüber nach A (Abbildung 149). — Wichtig ist bei dem Versuch die Beleuchtung. Der Lichtkegel einer kleinen Bogenlampe oder Glühbirne mit vorgesetzer Kondensorlinse wird auf die Wolke gerichtet. Das Auge des Beschauers muß sich außerhalb dieses Lichtkegels befinden, soll aber möglichst den Lichtstrahlen entgegenblicken. — Soweit der Modellversuch. Das Nächste bezieht sich nur auf die Vorgänge in der Röhre.

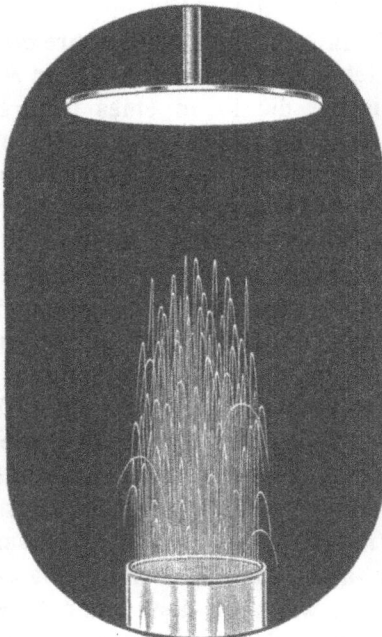

Wolke aus zerspritzten Wassertropfen statt der Elektronenwolke. Abbildung nach Photographie.

—148—

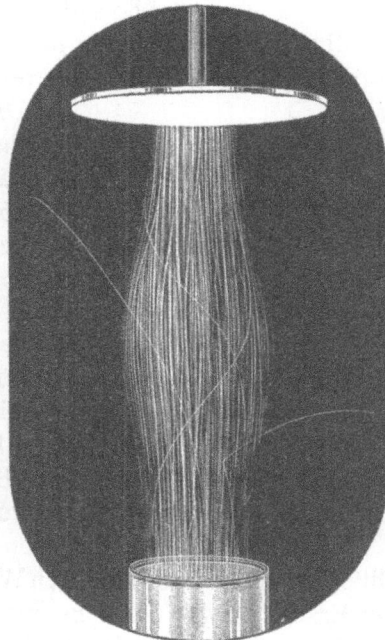

Strömungsfeld. Geladene Wassertröpfchen gehen von der Sprühkathode zur Anode.

—149—

Die Elektronen treffen im Hochvakuum auf kein Hindernis, die Arbeit des Feldes verwandelt sich daher auf dem ganzen Weg in die Wucht der Elektronen, d. h. diese werden beschleunigt. Erst beim Auftreffen auf A werden sie gebremst. Steigern wir die Unter(+)spannung von A genügend, so wird das „Anodenblech" glühend und kann sogar zerstört werden. Bei den großen Senderöhren sind zu diesem Zweck besondere Kühleinrichtungen vorhanden.

Wir polen jetzt die Batterie um, die die Spannung zwischen K und A erzeugt; das Galvanometer zeigt jetzt keinen Strom an. Die aus dem Faden austretenden Elektronen werden durch das Feld wieder nach ihm zurückgetrieben. Damit wird die Elektronenröhre zum „elektrischen Ventil", einer Einrichtung, die Elektrizität nur in der einen Richtung KA hindurch läßt. In dieser Form ist die Röhre als Gleichrichterröhre heute weit verbreitet.

§ 39. Die Elektronenröhre mit drei Elektroden.

Ihre große Bedeutung für die Technik bekommt die Röhre erst durch Einführung einer weiteren Elektrode G zwischen K und A.

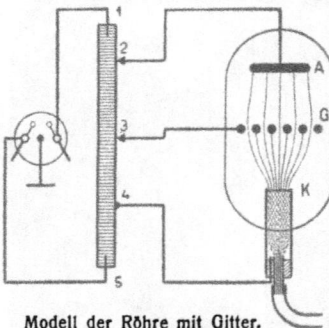

Modell der Röhre mit Gitter.
— 150 —

Diese hat die Form eines Gitters. Ihre Wirkungsweise zeigen wir zunächst im Modellversuch (Abbildung 150). Wir bringen ein Drahtrechteck, dessen Fläche durch parallel ausgespannte Drähte unterteilt ist, zwischen K und A. Um dem Gitter gegen K verschiedene Spannung geben zu können, benutzen wir die Spannungsteilerschaltung der Abbildung 150. Als Leiter dient ein senkrecht ausgespannter Bindfaden 1—5; seine Enden sind mit der Influenzmaschine verbunden; in etwa ein Viertel von unten bei 4 ist K angeschlossen.

Während die Tröpfchen von K nach A gehen, schieben wir das Gitter zunächst isoliert in ihren Weg. Dann ändert sich nur wenig an der Erscheinung, auch dann nicht viel, wenn wir dem Gitter durch Anschluß bei 3 wie in Abbildung 150 eine Unter(+)spannung geben. Ein kleiner Teil der Tropfenbahnen endigt auf dem Gitter, die meisten Tröpfchen gehen durch das Gitter hindurch nach A (Abbildung 152). Dem in Abbildung 146 dargestellten Feld überlagert sich das Feld zwischen K und G, dessen Feldlinien in der gleichen Richtung laufen. Das Feldlinienbild zeigt Abbildung 153. Es ist in der bekannten Weise hergestellt; das Gitter hat seine Spannung wie in Abbildung 150 durch Spannungsteilung erhalten.

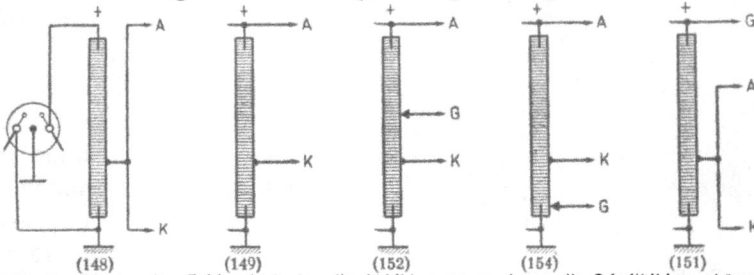

(148)   (149)   (152)   (154)   (151)

Die eingeklammerten Zahlen bedeuten die Abbildungen, zu denen die Schaltbilder gehören.
— 151 —

Ganz anders wird jedoch die Erscheinung, wenn wir das Gitter bei 5 anschließen und ihm damit Über(—)spannung gegen K geben. Jetzt bleiben die Tröpfchen sämtlich unterhalb des Gitters und fallen zurück nach K (Abbildung 154). Denn dem Feld zwischen K und A überlagert sich jetzt ein Feld zwischen G und K, dessen Feldlinien in entgegengesetzter Richtung laufen, und dieses Feld hebt jenes auf. So zeigt auch das Feldlinienbild der Abbildung 155, daß zwischen G und K die Grießkörner regellos liegen bleiben, während sie sich zwischen G und A nach wie vor zu Feldlinien ordnen. Wir können also durch Veränderung der Gitterspannung den Strom der geladenen Wassertropfen beeinflussen oder, wie es in der Technik heißt, steuern.

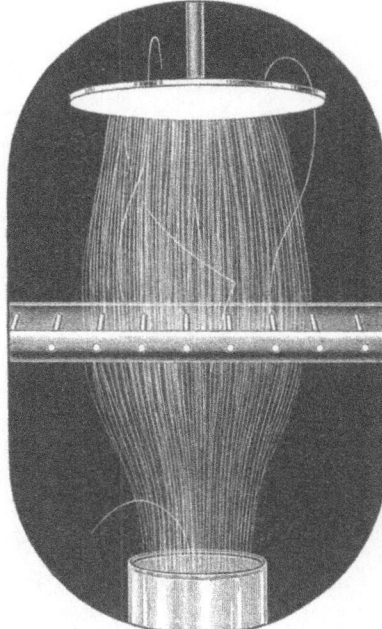

Das Gitter hat Unter(+)spannung. Die Bahnen endigen teils auf dem Gitter, zum größten Teil auf der Anode.
— 152 —

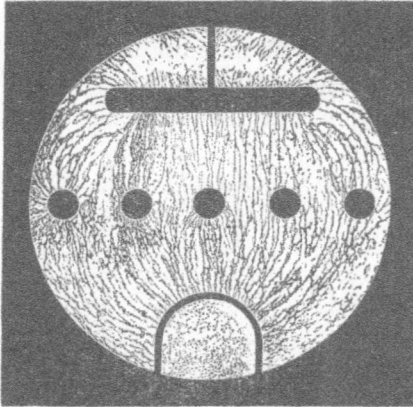

Feldlinienbild einer Anodenröhre.
Das Gitter hat gegen die Kathode Unter(+)spannung.

– 153 –

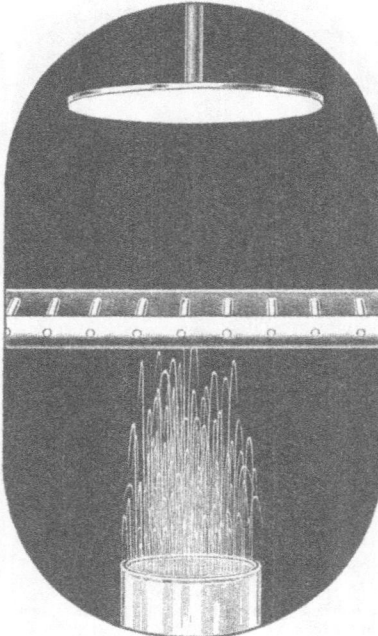

Das Gitter hat gegen K Über(−)spannung.
Die Tropfen bleiben unterhalb des Gitters.

–154–

Was wir am Modell zeigten, übertragen wir jetzt mittels der Schaltung der Abbildung 156 auf die Elektronenröhre. Als Strom-anzeiger dient eine Glimmlam-pe, das Gitter wird mit einer großen wohlisolierten Kugel Kg und einem Elektroskop verbun-den. Sobald der Faden glüht, leuchtet die Glimmlampe, ein Zeichen, daß Elektronen von K nach A gehen; sollte der Strom nicht sofort einsetzen, so hilft vorübergehendes Verbinden von Kg mit K.

Jetzt nähern wir der Gitter-kugel einen geriebenen Hart-gummistab und drücken damit dem Gitter Überspannung auf. Das Elektroskop schlägt aus und zeigt diese an. Die Glimmlampe erlischt, leuchtet aber beim Entfernen des Stabes wieder auf. Wir haben die Erscheinung der Abbildung 154 des Modellversuchs.

Dann nähern wir der Gitter-kugel einen Glasstab, den wir mittels des Schaumgummilappens Elektronen entzogen haben. Die Lampe leuchtet weiter; merkwür-digerweise schlägt das mit Kg verbundene Elektroskop nicht aus. Beim Entfernen des Glas-stabes erlischt die Lampe, das Elektroskop schlägt aus; erneutes Nähern bringt die Lampe zum Leuchten. Nach Entfernen des

Stabes dauert es mitunter Minuten, ehe der Strom wieder einsetzt, wenn die Lampe wieder aufleuchtet, ist das Elektroskop nahezu auf Null zurückgegangen.

Wir versuchen diese letzte Erscheinung zu erklären. Beim Annähern des Glasstabes wird dem Gitter Unter(+)spannung aufgedrückt. Daher stürzen Elektronen aufs Gitter und geben G eine Eigen-Über(—)spannung; diese hebt die aufgedrückte Spannung auf, und darum schlägt auch das Elektroskop nicht aus. Wird der Glasstab ent-fernt, so verschwindet die auf-gedrückte Unter(+)spannung; da aber G und Kg Elektronen aufgenommen haben, bleibt eine Über(—)spannung übrig; wir bekommen denselben Zu-stand wie in Abbildung 154 des Modellversuchs, und dieser dauert solange an, bis die über-schüssigen Elektronen wieder auf irgend einem Wege abge-leitet werden. Wenn es zu lange dauert, brauchen wir nur Kg mit K zu verbinden.

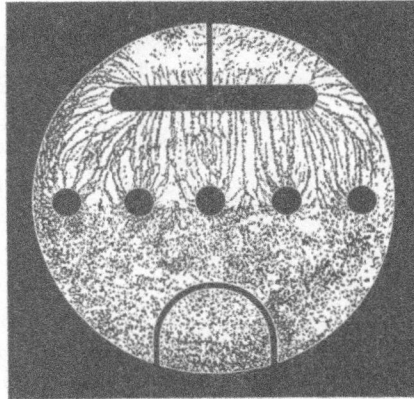

Feldlinienbild der Elektronenröhre   Das Gitter hat Über(—)spannung. Kein Feld zwischen K und G.

— 155 —

Elektronenröhre mit „Gitterkugel". Zwischen G und K ist noch ein Elektroskop zu schalten.

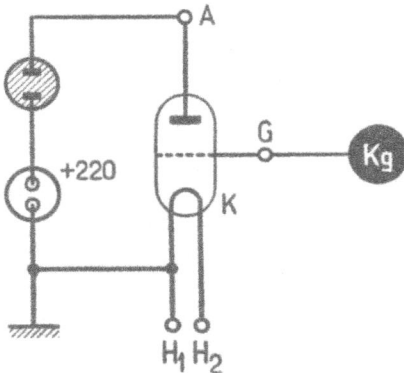

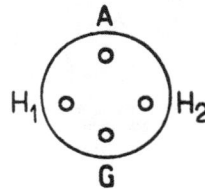

Zuleitungen im Röhrenfuß.

— 156 —

Dieser letzte Versuch setzt vorzügliche Isolation des Gitters voraus. Der Röhrensockel bleibt am besten ganz weg, die Röhre wird auf eine Paraffinplatte gelegt, der Anschluß an die Stecker geschieht durch Krokodilklemmen. Aber auch dann besteht noch keine Gewähr für das Gelingen, da bei manchen Röhren der Fuß die Elektronen vom Gitter in kurzer Zeit abfließen läßt. Einwandfrei gelang der Versuch mit einer Valvoröhre 413 mit braunem Bakelitfuß.

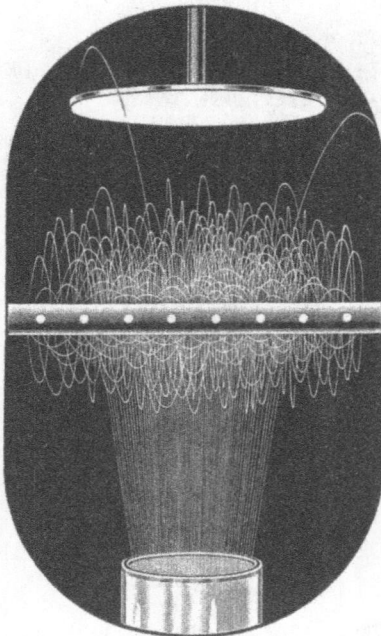

Bei den ersten technischen Dreielektrodenröhren waren K, G und A fast genau so angeordnet, wie in unseren schematischen Darstellungen. Der Glühfaden war ein halbkreisförmig gebogener Wolframdraht, die Anode ein kreisrundes Nickelblech, das Gitter war als Spirale zwischen beiden waagerecht angeordnet. Bei den heutigen Formen hat das Gitter meist die Form einer Schraubenlinie, in ihrem Innern liegt die Glühkathode, außenherum das Anodenblech in Form eines Zylindermantels. Das sind aber alles nur rein technische Variationen der Urform.

Eine eigenartige Erscheinung tritt bei dem Modellversuch auf, wenn wir A bei 4, dagegen G bei 2 anschließen. Die Tropfen, die zwischen K und G beschleunigt worden sind, fliegen durch das Gitter hindurch, kommen in das Feld zwischen A und G, kehren um und gehen wieder durch das Gitter hindurch. So entsteht das fesselnde Bild der Abbildung 157.

A ist mit K verbunden. G hat Unter(+)spannung. Die Tropfen schwingen um das Gitter, ehe sie auftreffen.

— 157 —

§ 40. Sättigungsstrom.

Jede Dreielektrodenröhre wirkt wie eine mit zwei Elektroden, wenn wir Gitter und Anode miteinander verbinden. So ist beim Versuch der Abbildung 158 eine gewöhnliche Radioröhre statt einer Gleichrichterröhre benutzt. Den Heizstrom des Fadens machen wir durch Einschalten des Widerstandes R_h zuerst ganz schwach. Dann verändern wir die Unter(+)spannung der Anode mittels einer Spannungsteilerschaltung. Zunächst wächst die Stromstärke proportional der Spannung, d. h. es gilt das Ohmsche Gesetz (vgl. Bd. I Abbildung 103), bei weiterer Spannungserhöhung tritt aber von einer Stelle an keine Erhöhung der Stromstärke mehr ein; vielmehr macht die Kurve, die die Abhängigkeit der Stromstärke von der Spannung angibt, einen Knick und läuft von da ab waagerecht weiter (Abbildung 159). Die so entstehende maximale Stromstärke heißt Sättigungsstromstärke. Sie wird größer, wenn wir durch Ausschalten von Widerstand bei R_h die Heizstromstärke und damit die Temperatur des Glühfadens steigern. (Vorsicht, denn hohe Anodenspannung und hohe Temperatur der Kathode zusammen können die Röhre zerstören!)

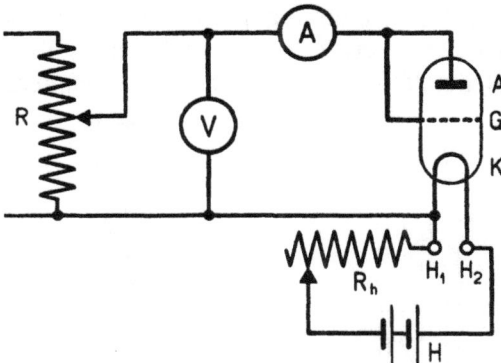

Steigerung der Spannung führt zur Sättigungsstärke.
Geringe Heizstromstärke zur Schonung der Röhre.

— 158 —

Ansteigen der Stromstärke mit wachsender Spannung bis zur Sättigungsstromstärke.

— 159 —

Diese eigenartige Erscheinung erklären wir so: Aus dem Glühfaden kann bei gegebener Fadentemperatur in der Zeit t eine ganz bestimmte Elektronenmenge Q verdampfen. Von diesen Elektronen gehen bei geringer Spannung nur wenige hinüber zur

Anode, bei größerer Spannung immer mehr, bis sämtliche in der Sekunde aus der Glühkathode austretenden Elektronen durchs Feld hindurchgehen; dann kann aber trotz Spannungssteigerung keine Erhöhung der Stromstärke mehr eintreten, da keine weiteren Elektronen zur Verfügung stehen. Die maximale Stromstärke $J_m = Q/t$ ist also schließlich unabhängig von der Spannung und kann nur dadurch größer werden, daß infolge Erhöhung der Fadentemperatur, die in der Sekunde verdampfte Elektrizitätsmenge, vergrößert wird. Damit rückt dann der Knick der Kurve weiter nach oben.

§ 41. Kennlinie einer Röhre.

Die Abbildung 160 entspricht fast genau der Abbildung des Modellversuchs. Wir wollen jetzt die Abhängigkeit der Stromstärke von der Gitterspannung untersuchen. Wenn wir die bewegliche Gitterzuleitung bei 4 anlegen, ist das Feld zwischen K und A noch nicht in dem Teil zwischen K und G aufgehoben, die Feldlinien greifen noch durch das Gitter hindurch. Um das Feld zwischen K und G ganz aufzuheben, müssen wir ihm ein Feld überlagern, dessen Feldlinien von G nach K laufen, d. h. wir müssen K gegen G Unter($+$)spannung geben, und das erreichen wir, wenn wir das Gitter etwa mit 5 verbinden. Erst dadurch können wir die Stromstärke zum Verschwinden bringen.

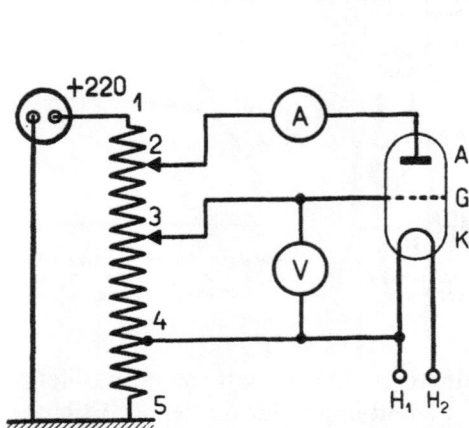

Schaltung zur Aufnahme der Kennlinie einer Röhre.
−160−

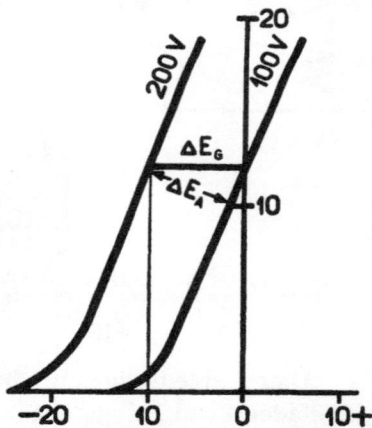

2 Kennlinien derselben Röhre, einmal bei 100, dann bei 200 Volt Anodenspannung.
−161−

Tragen wir die Gitterspannung auf der waagerechten Achse, die zugehörige Stromstärke auf der senkrechten Achse auf, so erhalten wir Kurven, wie sie in Abbildung 161 dargestellt sind; sie heißen Kennlinien der Röhre. Bei weiterer Steigerung der Gitterspannung bekommen die Kurven einen Knick, laufen zunächst waagerecht und dann mit geringem Gefälle weiter. Dieser obere Knick ist wieder dadurch zu erklären, daß von einer bestimmten Gitterspannung ab ein Sättigungsstrom auftritt; dieser besteht jetzt aus dem Teil der verdampften Elektronen, der nicht vom Gitter aufgenommen wird. Bei noch weiterer Erhöhung der Gitterspannung tritt sogar wieder ein langsames Sinken der von dem Amperemeter angezeigten Stromstärke auf, da das Gitter selbst immer mehr als Anode wirkt und Elektronen aufnimmt. Es ist zu empfehlen, bei diesen Versuchen die Heizstromstärke nicht zu groß zu nehmen, da sonst das Gitter zu stark erwärmt und zerstört werden kann.

§ 42.　Berechnung der vom Felde geleisteten Arbeit.

In dem Versuch mit der Elektronenröhre und dem entsprechenden Modellversuch verwandelte sich das elektrische Feld in ein Strömungsfeld; ob dabei nur Elektronen sich durchs Feld bewegen, oder ob die Elektronen an bewegten Wassertropfen haften, ist hier kein wesentlicher Unterschied. Sobald aber jene Umwandlung einsetzt, beginnt die im Felde beim Laden aufgespeicherte elektrische Energie sich in eine andere Energieform, z. B. in Wärme oder Energie der Lage zu verwandeln. Wie bei einer Dampfmaschine die Energieumwandlung erst dann beginnt, wenn die Kohle unter dem Kessel entzündet wird, so setzt der entsprechende Vorgang in der Elektronenröhre erst dann ein, wenn der Faden zum Glühen gebracht wird. Das elektrische Feld beginnt zusammenzubrechen, das zeigt sich äußerlich in einem Zurückgehen des Spannungsunterschiedes zwischen den Kondensatorhälften. Das dabei auftretende Strömungsfeld kann im Gegensatz zum elektrischen Feld nur dann längere Zeit bestehen, wenn die Spannung durch eine Pumpe immer wieder hergestellt wird. Es ist nun unsere Aufgabe, die elektrische Arbeit zu berechnen, die umgeformt wird, wenn sich eine Elektrizitätsmenge Q' durch das Feld eines Plattenkondensators von der Platte K nach der Platte A bewegt.

Die Größe der Arbeit berechnen wir als Produkt aus Kraft und Weg. Zur Berechnung der Kraft brauchen wir die Feldstärke:

$$\mathfrak{E} = \frac{\Delta E}{d} \cdot (\text{Volt/cm}).$$

Die Kraft beträgt (§ 32)

$$\mathfrak{K} = \mathfrak{E} \cdot Q' = \frac{\Delta E}{d} \cdot Q' \cdot (\text{Volt-Ampere-Sekunden/cm} =$$
$$\text{Wattsekunden/cm}).$$

Damit finden wir als „elektrische Arbeit” längs der Strecke d:

$$A = \mathfrak{K} \cdot d = Q' \cdot \Delta E \cdot (\text{Wattsekunden}).$$

Ist das Feld inhomogen, so zerlegen wir eine Feldlinie in so kleine Stücke s_1, s_2, ... s_n, daß wir längs eines jeden die Feldstärke als konstant betrachten können, berechnen für jedes Wegstückchen die Arbeit und bilden die Summe:

$$A = Q' \cdot \mathfrak{E}_1 \cdot s_1 + Q' \cdot \mathfrak{E}_2 s_2 + \ldots Q' \cdot \mathfrak{E}_n \cdot s_n =$$
$$= Q' \cdot (\mathfrak{E}_1 \cdot s_1 + \mathfrak{E}_2 \cdot s_2 + \ldots \mathfrak{E}_2 \cdot s_n) =$$
$$= Q' \cdot \Delta E \cdot (\text{Wattsekunden}). \quad (\text{Vergl. § 30, Gleichung 11}).$$

Wir legen nach dem Vorhergehenden fest: Maßeinheit und Meßverfahren für die elektrische Arbeit: Die Einheit der elektrischen Arbeit ist 1 Wattsekunde. Die Arbeit 1 Wattsekunde wird umgeformt, wenn von den elektrischen Kräften in einem elektrischen Feld die Elektrizitätsmenge 1 Coulomb von einer Feldgrenze zur anderen bewegt wird, während zwischen den Feldgrenzen der Spannungsunterschied 1 Volt beträgt.

Beträgt die bewegte Elektrizitätsmenge Q' Coulomb, die Spannung ΔE Volt, so beträgt die elektrische Arbeit

$$Q' \cdot \Delta E \text{ Wattsekunden.”}$$

Wir wollen annehmen, die bewegte Elektrizitätsmenge wird der Platte K wiederholt entnommen, dann sind zwei Fälle zu unterscheiden:

a) K ist während des Vorgangs mit einer Pumpe, Batterie oder städtischer Leitung verbunden, sodaß die entnommene Elektrizitätsmenge sogleich wieder ersetzt wird. Dann finden wir A wie oben als Produkt aus der gesamten entnommenen Elektrizitätsmenge Q' und dem Spannungsunterschied:

$$A = \Delta E \cdot Q'.$$

b) K ist nach dem Laden isoliert worden. Dann sinkt der Spannungsunterschied zwischen beiden Platten, wenn Elektronen von K nach A wandern, bis auf Null. Q und ΔE sind veränderlich. Zwischen beiden besteht die Gleichung

$$Q = C \cdot \Delta E,$$

die durch die Gerade OD der Abbildung 162 dargestellt wird.

Um die Arbeit zu errechnen, die umgeformt wird, wenn die gesamte Elektrizitätsmenge Q durch das Feld hindurchwandert, zerlegen wir zweckmäßig Q in kleine Teilmengen Q_1, Q_2, ... Q_n und lassen diese einzeln übergehen. Dabei sinkt ΔE zunächst auf ΔE_1, dann auf ΔE_2 usw.; die Einzelarbeiten sind:

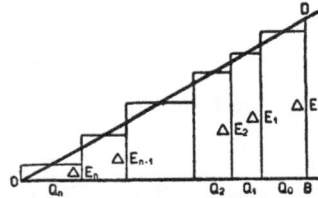

Berechnung der Arbeit bei der Kondensatorentladung.

— 162 —

$$Q_1 \cdot \Delta E_1; \quad Q_2 \cdot \Delta E_2; \quad \ldots \ldots Q_n \Delta_n.$$

Ihnen entsprechen die Rechtecke der Abbildung 162, ihrer Summe entspricht im Grenzfall der Inhalt des Dreiecks OBD, und wir finden als Gesamtarbeit beim Entladen des Kondensators:

$$A = \frac{1}{2} Q \cdot \Delta E \text{ (Wattsekunden)}.$$

Das ist die gesamte Energie des geladenen Kondensators.

Eine ganz entsprechende Formel gilt für die U-Röhre, die wir als Kondensatormodell benützten. Ist q ihr Querschnitt, Δh der Höhenunterschied in den beiden Schenkeln (Abbildung 43), so hat das beim Laden in K eingeströmte Gas das Volumen

$$V = \frac{q \cdot \Delta h}{2} \text{ cm}^3.$$

Beim Entladen wird die Flüssigkeit vom gleichen Volumen und dem Gewicht

$$\mathfrak{G} = \frac{s \cdot q \cdot \Delta h}{2} \text{ Grammkraft}$$

gesenkt um die Strecke $\dfrac{\Delta h}{2}$ — die obere Hälfte der Wassersäule (Abbildung 43) können wir uns nach links verschoben und dann gesenkt denken —, die Arbeit beträgt

$$A = \frac{s \cdot q \cdot \Delta h}{2} \cdot \frac{\Delta h}{2} = \frac{V \cdot \Delta P}{2} \text{ Grammkraftzentimeter.}$$

$\Delta P = s \cdot \Delta h$ ist der Druckunterschied in den beiden Schenkeln.

Wir wollen jene Formel einmal an drei Kondensatoren gleicher Kapazität C prüfen. Sie werden an der städtischen Leitung auf gleiche Spannung ΔE geladen. Jeder hat dann die Arbeitsfähigkeit:

$$A = \frac{Q \cdot \Delta E}{2}$$

oder auch für unsere Zwecke bequemer:

$$A = \frac{C \cdot \Delta^2 E}{2} \text{ (Wattsekunden).}$$

Zusammen enthalten die drei Kondensatoren die Energie 3 A. Dieser Wert entsteht aus A beim Parallelschalten der geladenen Kondensatoren dadurch, daß C dreimal so groß wird; beim Hintereinanderschalten wird C den dritten Teil, $\Delta^2 E$ aber neunmal so groß.

In Band I haben wir auf Seite 3 gezeigt, daß zwischen den Platten eines geladenen Kondensators eine Kraft wirkt, die die Platten einander zu nähern sucht. Wir können jetzt die Größe dieser Kraft berechnen und setzen darum voraus, der Kondensator sei geladen und wieder von der Pumpe getrennt. Dann ist Q konstant. Die Arbeitsfähigkeit oder Energie eines Kondensators haben wir errechnet zu

$$A = \frac{1}{2} Q \cdot \Delta E = \frac{1}{2} \cdot \frac{Q^2}{C} = \frac{1}{2} \frac{Q^2}{\varepsilon \cdot F} \cdot d \cdot$$

Nähert sich jetzt die Platte A (Abbildung 14) der Platte K bis zum Abstand d_1, so beträgt die Energie nur noch

$$A_1 = \frac{1}{2} \frac{Q^2}{\varepsilon \cdot F} \cdot d_1 ,$$

d. h. es ist vom Felde abgegeben worden

$$A - A_1 = \frac{1}{2} \frac{Q^2}{\varepsilon \cdot F} (d - d_1) \text{ (Wattsekunden).}$$

Daraus finden wir durch Division die Kraft längs des Weges $d - d_1$ zu

$$\Re = \frac{A - A_1}{d - d_1} = \frac{1}{2} \frac{Q^2}{\varepsilon \cdot F} \text{ (Wattsekunden/cm),}$$

d. h. die Kraft, mit der sich die beiden Kondensatorplatten zu nähern suchen, ist konstant. Das gilt jedoch nur, wenn d so klein ist, daß die Streuung an den Rändern sich nicht bemerkbar macht. Die letzte Formel läßt sich mit der Waage und dem Stoß-galvanometer nachprüfen.

Wir haben noch den Zusammenhang zwischen den elektrischen und mechanischen Arbeitseinheiten zu errechnen. Nach § 32 bestanden zwischen den Krafteinheiten die Gleichungen:

1 Wattsekunde/m = 0,102 Kilogrammkraft.

1 Kilogrammkraft = 9,8 Wattsekunden/m.

Aus diesen folgt:

1 Wattsekunde = 0,102 Kilogrammkraftmeter.

1 Kilogrammkraftmeter = 9,8 Wattsekunden.

Als größere elektrische Arbeitseinheit dient

1 Kilowattstunde = 36 . 10⁵ Wattsekunden.

§ 43.   Arbeit im Leiter.

Wir stellen uns vor, während eine Pumpe für Aufrechterhaltung des Spannungsunterschiedes sorgt, verwandelt sich das Dielektrikum in einen Leiter. Lassen wir dann durch das Feld die Elektrizitätsmenge Q' fließen, während der Spannungsunterschied unverändert ΔE beträgt, so beträgt die elektrische Arbeit

$$A = Q' . \Delta E \;(\S\; 42).$$

Im Leiter liegen die Verhältnisse ganz anders als im Hochvakuum. Gerade die Leitung im Metall, die in der Technik doch eine große Rolle spielt, ist noch am wenigsten geklärt. Wir haben uns im ersten Band mit der Auffassung begnügt, daß sich die Elektronen zwischen den Metallatomen hindurchdrängen. Nach den Betrachtungen des § 21 können wir uns aber auch vorstellen, daß das sich bewegende Elektron in den Atombereich eindringt und daß dafür ein anderes Elektron an das benachbarte Atom in der Stromrichtung abgegeben wird (vergl. § 21, Abbildungen 106 und 109). Welches von beiden Bildern die Vorgänge am besten beschreibt, ob nicht beide Erscheinungen, Bewegung der Elektronen zwischen den Atomen oder von Atom zu Atom gleichzeitig auftreten, können wir hier nicht entscheiden. Im großen und ganzen bewegt sich das Elektron wie ein fester Körper im widerstehenden

Mittel, d. h. seine Geschwindigkeit nimmt bei gegebener Feldstärke einen konstanten Wert an. Mechanische Beispiele gibt es dazu in Menge: Hase im Kornfeld, Fallschirm, Aluminiumkugel in Rizinusöl, Stahlkugel auf einer mit Nägeln besetzten schiefen Ebene und dergl. Entsprechend diesen Beispielen wirken die bewegten Elektronen auf die Moleküle des Mittels ein; im Metall sind die Moleküle durch elastische Kräfte an ihren Ort gebunden; sie geraten in heftigere Schwingungen um ihre Ruhelage, das heißt aber nichts anderes, als der Leiter erwärmt sich. Die dabei auftretende Wärmemenge muß sich errechnen und auch messen lassen.

Die Berechnung bietet gar keine Schwierigkeiten: Gegeben ist ein Leiter vom Widerstande R oder dem Leitwert G. Zwischen seinen Enden besteht ein Spannungsunterschied ΔE. Im Leiter fließt ein Strom der Stärke:

$$J = G \cdot \Delta E = \frac{\Delta E}{R} \text{ (Ampere)}.$$

Dies dauert t Sekunden. Dann beträgt die durch den Leiter geflossene Elektrizitätsmenge:

$$Q' = J \cdot t \text{ (Amperesekunden oder Coulomb)}$$

und die Arbeit

$$A = \Delta E \cdot Q' \text{ (Voltamperesekunden oder Wattsekunden)}.$$

Diese Gleichung läßt sich umformen:

$$A = \Delta E \cdot J \cdot t = \Delta E^2 \cdot G \cdot t = J^2 \cdot R \cdot t \cdot \text{(Wattsekunden)}.$$

In § 42 fanden wir

1 Wattsekunde = 0,102 Kilogrammkraftmeter,

dem § 31 entnehmen wir

1 Kilogrammkraftmeter = 0,00234 Cal.

Aus beiden Gleichungen folgt:

1 Wattsekunde = $239 \cdot 10^{-6}$ Cal.

1 Wattsekunde = 0,239 cal (Grammkalorien).

Danach entsteht im Leiter eine Wärmemenge

$$A = 0,239 \cdot \Delta E \cdot J \cdot t = 0,239 \cdot \Delta^2 E \cdot G \cdot t = 0,239 \cdot J^2 \cdot R \cdot t \text{ cal}.$$

In Form von Wärmemengen lassen sich Arbeiten unschwer vergleichen und messen. Wir benutzen daher zur Prüfung unserer letzten Formel das Loosersche Doppelthermoskop (Abbildung 163). Die beiden doppelwandigen Rezeptoren werden mit der gleichen Menge Alkohol oder Petroleum gefüllt; die Artwärme dieser

Flüssigkeit sei c, ihre Menge je m. In die Flüssigkeit eingetaucht werden zwei schraubenförmig gewundene Drähte vom Widerstand R_1 und $R_2 = 2 R_1$.

a) Die beiden Leiter werden hintereinander geschaltet, und dann wird ein Strom hindurchgeschickt (Abbildung 164). Die Arbeit im ersten ist dann, wenn ϑ_1 die Temperaturänderung bedeutet,

$$A_1 = c \cdot m \cdot \vartheta_1 = 0{,}239 \cdot J^2 \cdot R_1 \cdot t,$$

die im zweiten

$$A_2 = c \cdot m \cdot \vartheta_2 = 0{,}239 \cdot J^2 \cdot R_2 \cdot t$$

Stromstärke und Zeit sind in beiden Fällen gleich. Aus beiden Gleichungen folgt:

$$\frac{\vartheta_1}{\vartheta_2} = \frac{R_1}{R_2},$$

tatsächlich zeigt das Luftthermoskop 1 den halben Ausschlag wie das andere.

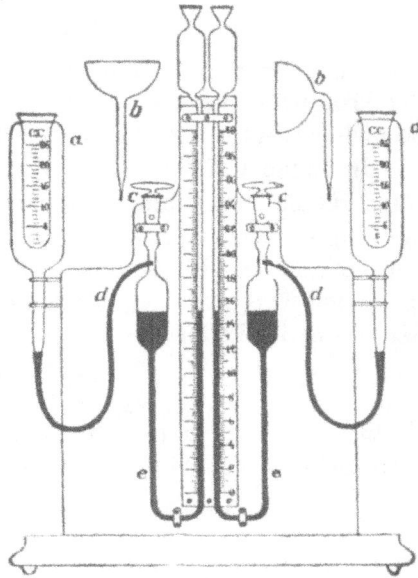

Doppelthermoskop.
– 163 –

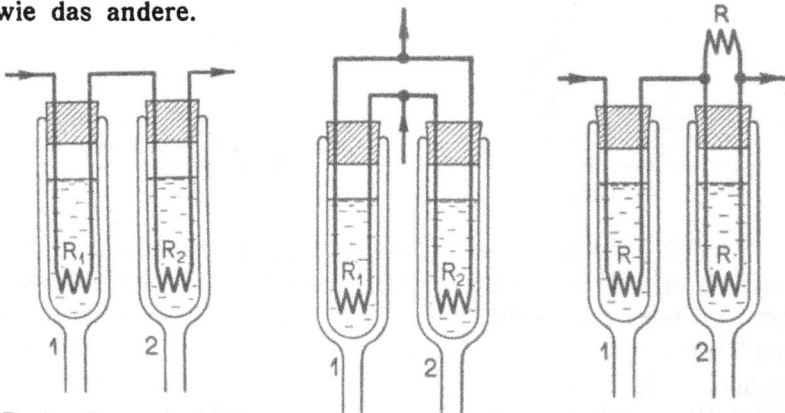

R 2 doppelt so groß wie R 1.
Temperaturerhöhung links halb
so groß wie rechts.
– 164 –

Temperaturerhöhung links
doppelt so groß wie rechts.
– 165 –

Stromstärke in 1 doppelt so groß
wie in 2. Temperaturerhöhung
links viermal so groß wie rechts.
– 166 –

b) Werden dagegen die beiden eingetauchten Leiter parallel geschaltet (Abbildung 165), so gilt

$$\frac{\vartheta_1}{\vartheta_2} = \frac{G_1}{G_2} = \frac{R_2}{R_1}.$$

Spannungsunterschied und Zeit sind gleich und fallen daher aus der Proportion heraus. Diesmal zeigt das Luftthermoskop 1 den doppelten Ausschlag wie das andere.

In beide Gefäße kommen zwei Leiter vom gleichen Widerstand R; sie sind hintereinandergeschaltet; dem zweiten parallel liegt noch ein Leiter vom selben Widerstand (Abbildung 166), nur befindet er sich außerhalb des Rezeptors. Durch den Leiter im ersten Rezeptor fließt darum ein Strom, doppelt so stark, wie der Strom im Leiter des zweiten Rezeptors. Wir finden diesmal

$$\frac{\vartheta_1}{\vartheta_2} = \frac{J_1{}^2}{J_2{}^2} = \frac{\Delta^2 E_1}{\Delta^2 E_2} = \frac{4}{1}.$$

R, G und t sind herausgefallen, der Ausschlag des ersten Luftthermoskops ist das Vierfache von dem des zweiten.

Kalorimeter aus Messing.

− 167 −

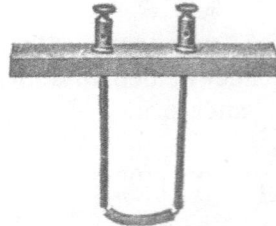

Schraubendraht zum Eintauchen in das Kalorimeter.

− 168 −

Am Wichtigsten ist jedoch die Prüfung der Konstanten 0,239. In ein Kalorimeter (Abbildung 167) wird eine nichtleitende Flüssigkeit von bekannter Artwärme c gebracht, in diese wird neben dem Thermometer noch ein Schraubendraht (Abbildung 168) eingesenkt. Die Flüssigkeit wiege m Gramm, der Wasserwert des Kalorimetergefäßes sei W, die Temperaturerhöhung in der Zeit t sei ϑ. Dann ist die Arbeit im kalorischen Maßsystem:

$$(m \cdot c + W)\ \text{cal} = a\ \text{cal}.$$

Außerdem wird gemessen: Die Stromstärke J und der Spannungsabfall ΔE zwischen den Klemmen des Schraubendrahtes. Im elektrischen Maßsystem beträgt die Arbeit

$$\Delta E \cdot J \cdot t \text{ Wattsekunden } = b \text{ Wattsekunden.}$$

Der Quotient $\dfrac{a}{b}$ liefert die gesuchte Konstante je nach Ausführung des Versuchs mehr oder weniger genau.

Beispiel:

Im Kalorimeter befanden sich	84 g	Petroleum.
Das Gefäß bestand aus	41 g	Messing.
Die Artwärme des Petroleums beträgt	0,94	cal/gGrad.
Die Artwärme des Messings beträgt	0,09	cal/gGrad.

Wir finden als Wärmekapazität

der 84 g Petroleum	41,15	cal/Grad,
der 41 g Messing	3,69	cal/Grad,
und als Gesamtkapazität	44,85	cal/Grad.
Die Temperaturerhöhung betrug	6,8	Grad
und danach die Wärmemenge a = 305		cal.
Die Stromstärke betrug	1	Ampere,
die Spannung	4,85	Volt
und die Zeit	270	Sekunden,
mithin die elektrische Arbeit b = 1309,5		Wattsekunden.

Danach entsprechen einer Wattsekunde $\dfrac{a}{b} = 0,233$ cal.

Statt des Widerstandsdrahtes kann auch eine Glühlampe nach Abbildung 169 dienen; als Flüssigkeit können wir dann Wasser benutzen. Die Glühlampe ist in die Fassung eingeschraubt, und dann sind alle Lücken so zugegossen, daß kein Wasser eindringen kann. Dabei muß das Kalorimetergefäß lichtundurchlässig sein (Thermosflasche), oder die Flüssigkeit muß durch einen Farbstoff lichtundurchlässig gemacht werden; sonst wird die Anzahl der gefundenen Kalorien zu klein, da ein Teil der umgeformten Energie in Form von Licht verloren geht.

Glühlampe zum Eintauchen in ein Kalorimeter.

— 169 —

Beispiel:

Die gesamte Wärmekapazität betrug   1035   cal/Grad.

Die Temperaturerhöhung betrug   15,9 Grad

folglich die Wärmemenge   a = 16456,5 cal.

Die Stromstärke betrug   0,3 Ampere

die Spannung   220 Volt

und die Zeit   1050 Sekunden

mithin die elektrische Arbeit b = 69300 Wattsek.

Also entsprechen einer Wattsekunde $\frac{a}{b}$ = 0,236 cal.

Wir geben zum Schluß noch ein Verfahren, bei dem die Wasserwerte von Gefäß usw. unberücksichtigt bleiben. Als bekannt müssen wir nur die „Verdampfungswärme" des Wassers mit 536 cal/g voraussetzen. Auf der rechten Seite einer Tafelwaage steht eine Thermosflasche; sie ist etwa zu $^3/_4$ mit Wasser gefüllt; in dieses ist ein handelsüblicher Tauchsieder eingehängt. Der Verschluß hat eine Öffnung, damit der sich bildende Wasserdampf entweichen kann. Auf die linke Waagschale kommen soviel Gewichtsteine, daß am Gleichgewicht noch 20 bis 30 g fehlen. Durch den Tauchsieder lassen wir einen Strom fließen, dessen Stromstärke J wir mittels eines vorgeschalteten Amperemeters messen; außerdem messen wir den Spannungsabfall ΔE im Tauchsieder mittels eines Voltmeters, das wir ihm parallel schalten. Das Wasser kommt zum Kochen, der Dampf entweicht, die Waage kommt ins Gleichgewicht. In diesem Augenblick sehen wir auf die Uhr. Dann nehmen wir auf der linken Seite 50 g weg, dadurch wird das Gleichgewicht wieder gestört. Wenn wieder Gleichgewicht eintritt, lesen wir die Zeit zum zweiten Mal ab. Die Differenz der beiden Zeitablesungen sei t Sekunden.

Dann beträgt die Wärmemenge, die zum Verdampfen der 50 g Wasser notwendig war:

$$50 . 536 \text{ cal.}$$

Dieselbe Arbeit beträgt im elektrischen Maßsystem

$$\Delta E . J . t \text{ Wattsekunden.}$$

Mithin erhalten wir

$$1 \text{ Wattsekunde} = \frac{50 . 536}{\Delta E . J . t} \text{ cal.}$$

Beispiel:

Wärmemenge a = 10720 cal.

ΔE = 180 Volt (Spannungsteiler).

J = 1 Ampere.

t = 248 Sekunden.

Elektrische Arbeit b = 44640 Wattsekunden.

Mithin:

1 Wattsekunde = 0,24 cal.

Anmerkung: Entgegen diesen Tatsachen überreichen heute noch soundso-
viele Elektrizitätswerke ihren „Stromabnehmern" Rechnungen über den „Strom-
verbrauch" statt über gelieferte elektrische Arbeit oder Energie. Der Unsinn
ist ungefähr derselbe, wie wenn ein Droschkenkutscher eine Rechnung über
„Wegeverbrauch" ausstellen wollte.

§ 44. Elektrische Leistung.

In der elektrischen Glühbirne wird wie in jedem Leiter beim
Durchgang der Elektronen aus elektrischer Arbeit Wärme und
Licht gewonnen. Unter diesem Gesichtspunkt betrachtet ist der
Leiter eine Maschine, d. h. eine Vorrichtung, die eine Energieform in eine andere umformt. Eine kleine Glühbirne kann die
gleiche Wärme- und Lichtmenge liefern wie eine große, nur braucht
sie dazu längere Zeit. Die Eigenart der Maschine beruht darum
nicht allein auf der Arbeit, sondern auch auf der Zeit, in der sie
diese Arbeit leistet, und die große Glühbirne unterscheidet sich
von der kleinen dadurch, daß sie in derselben Zeit t mehr elektrische Energie umformt. Wir bilden daher den Quotienten aus
der Anzahl der Wattsekunden und der Anzahl der Sekunden und
nennen die so gemessene Größe die Leistung der Maschine.

Wir definieren also: Die Einheit der elektrischen Leistung
ist eine Wattsekunde je Sekunde oder kürzer gesagt ein
Watt. Die Leistung ein Watt hat eine Maschine, die in einer
Sekunde eine Wattsekunde in eine andere Energieform umformt.
Eine Maschine, die in t Sekunden A Wattsekunden umformt, hat
die Leistung:

$$N = \frac{A}{t} \text{ Watt.}$$

Nun ist aber

$$A = \Delta E \cdot Q$$

und danach

$$N = \Delta E \cdot \frac{Q}{t} = \Delta E \cdot J.$$

Das heißt in Worten: Die elektrische Leistung in einem Leiter wird berechnet als Produkt aus dem Spannungsunterschied an seinen Enden und der Stromstärke in ihm. Als Benennung er-gäbe sich daraus Voltampere, und dafür sagen wir kurz „Watt".
Beispiel: Auf einer Glühbirne ist angegeben:

220 Volt 50 Watt.

Das heißt zunächst: Damit diese Lampe vorschriftsmäßig leuchtet, muß zwischen ihren Anschlüssen ein Spannungsunterschied von 220 Volt bestehen. Daß dieser vorhanden ist, dafür sorgt das Elektrizitätswerk. Die Stromstärke berechnen wir aus der Gleichung

$$N = \Delta E \cdot J$$

zu

$$J = \frac{50}{220} = 0,23 \text{ Ampere.}$$

Der Widerstand beträgt bei normalem Leuchten etwas weniger als

R = 1000 Ohm.

(Vgl. Bd. I Seite 72, Abbildung 132.) Durch eine Glühlampe dagegen mit den Angaben

110 Volt 50 Watt

fließt bei der vorgeschriebenen Spannung ein Strom von der doppelten Stromstärke wie oben, ihr Widerstand beträgt nur den vierten Teil also etwa 250 Ohm.

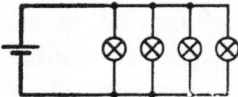 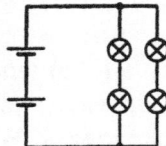 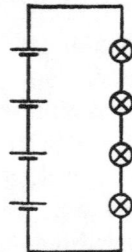

Bei den drei Schaltungen ist das Produkt aus Spannung und Stromstärke jedesmal dasselbe.

 — 170 —   — 171 —   — 172 —

Versuch: Wir schalten nach Abbildung 170 vier kleine (2,5 Volt-) Lämpchen parallel. Ein Akkumulator genügt, sie zum Leuchten zu bringen. Schalten wir nach Abbildung 171, so brauchen wir

zwei Akkumulatoren; dafür wird die Stromstärke halb so groß;
in Abbildung 172 brauchen wir gar vier Akkumulatoren, kommen
aber mit dem vierten Teil der Stromstärke aus. Das Produkt
aus Stromstärke und Spannungsunterschied ist in allen Fällen
dasselbe; andererseits ist die kalorische und optische Leistung die
gleiche.

Die Gleichung für die Leistung können wir auch so schreiben:

$$N = J . R . J = J^2 . R \ (\Delta E = J . R).$$

Nun betrachten wir die beiden Schaltungen der Abbildungen 172
und 170 und setzen dabei voraus, außer dem Widerstand der Glüh-
lämpchen sei im Stromkreis noch ein weiterer Widerstand R vorhanden. Damit dann in Abbildung 173 noch die vorgeschriebene
Stromstärke J zustande kommt, müssen wir die Spannung erhöhen. In Abbildung 173 ist angenommen, der Widerstand R
sei gerade so groß wie der Widerstand eines Lämpchens, und darum
ist ΔE durch Hinzuschalten eines weiteren Akkumulators erhöht
worden. Nun findet aber auch in dem Leiter mit dem Widerstand R eine Umformung elektrischer Arbeit in Wärme statt.
Die Leistung in diesem Leiter beträgt

$$Nv = J^2 . R.$$

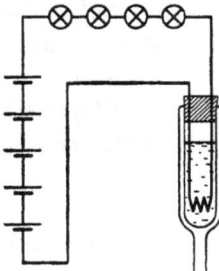 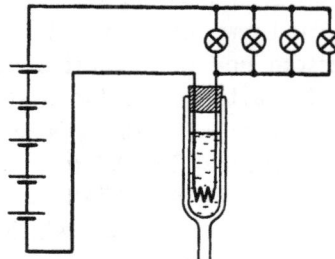

Kleiner Leistungsverlust in der „Fernleitung".   Großer Leistungsverlust in der „Fernleitung".
— 173 —   — 174 —

Die entstehende Wärme können wir nachweisen, indem wir
den Leiter in die eine Kapsel des Looserschen Doppelthermoskops
bringen (Abbildung 173). Stellen wir uns vor, die Lämpchen
befinden sich in größerer Entfernung von der Batterie und R sei
der Widerstand der „Fernleitung", so geht Nv verloren.

Schalten wir die Lämpchen parallel, so muß die Stromstärke viermal so groß werden. Dann steigt der Leistungsverlust in der Fernleitung auf das Sechzehnfache (Abbildung 174). Wir sehen am Doppelthermoskop, daß jetzt die Flüssigkeitssäule viel schneller steigt als vorher. Der Verlust in der Fernleitung ist um so kleiner, je kleiner die Stromstärke ist.

Bei gleichem Widerstand der Fernleitung ist daher eine Spannung von 220 Volt mit den entsprechenden Glühlampen wirtschaftlicher als eine Spannung von 110 Volt, da diese bei gleicher Lichtleistung die doppelte Stromstärke braucht, wodurch der Verlust in der Fernleitung auf das Vierfache steigt.

Nach dem Ohmschen Gesetz beträgt der Verlust in der Fernleitung

$$J \cdot R \text{ Volt;}$$

für die Glühbirne steht daher nur noch eine Spannungsdifferenz von

$$(220 - J \cdot R) \text{ Volt}$$

zur Verfügung. Werden mehr Lampen eingeschaltet, so sinkt diese weiter, und die Lampen brennen nicht mehr mit der vollen Lichtstärke. Um dies zu vermeiden, muß das Elektrizitätswerk die Spannung erhöhen; zu einer Batterie von 110 Akkumulatoren müssen z. B. noch $^1/_2$ J . R Zellen hinzugeschaltet werden.

Zur Umrechnung der elektrischen Leistung in mechanische und kalorische und umgekehrt dienen folgende Gleichungen:

1 Watt = 0,102 kg m/sec (Kilogrammkraftmeter/Sekunde)
1 Watt = 0,239 cal/sec (Grammkalorien/Sekunde)
1 kg m/sec = 9,8 Watt
1 cal/sec = 4,18 Watt

Als neugefundene elektrische Größen stellen wir hier noch einmal zusammen:

Größe:	Bezeichnung:	Benennung:
Elektrische Kraft	$\mathfrak{K} = Q' \cdot \Delta E$	Voltamperesekunden/cm oder Wattsekunden/cm
Elektrische Arbeit	$A = \mathfrak{K} \cdot d = J \cdot \Delta E \cdot t$	Voltamperesekunden oder Wattsekunden
Elektrische Leistung	$N = J \cdot \Delta E$	Voltampere oder Watt.

VI. Elektrizitätsleitung in Luft.

§ 45. Selbständige und unselbständige Leitung.

Wir haben in den letzten Paragraphen erfahren, daß durch das Feld in der Elektronenröhre und im metallischen Leiter sich lediglich Elektronen bewegen; doch besteht zwischen beiden Erscheinungen ein grundsätzlicher Unterschied. Beim metallischen Leiter genügt der geringste Spannungsunterschied zwischen seinen Enden, um die Erscheinung des elektrischen Stromes hervorzurufen; bei der Elektronenröhre mußten wir besondere Vorkehrungen treffen, um die Elektronen zu veranlassen, aus der Kathode auszutreten, damit sie dann dem Spannungsgefälle folgten. Jene ersten Vorgänge beim metallischen Leiter nennen wir eine selbständige Leitung, während wir bei der Elektronenröhre von einer unselbständigen Leitung sprechen; denn hier müssen wir erst die strömende Substanz ins Feld hineinbringen, damit überhaupt ein Strom entstehen kann.

§ 46. Trägerleitung.

Eine unselbständige Leitung kommt auch durch das isolierte Holundermarkkügelchen zustande, das, einmal geladen, zwischen den Kondensatorhälften hin- und herpendelt. In diesem Falle sind es nicht freie Elektronen, die den Feldlinien folgen, sondern die Elektronen haften an gewöhnlicher Materie; diese trägt die Ladung von einer Platte zur andern; wir sprechen in diesem Fall von Trägerleitung und sehen in dem Kügelchen einen „Ladungsträger". Das Kügelchen, das eben die Platte K berührt hat, habe eine Über(—)ladung Q', es geht hinüber nach A und gibt dort nicht nur die Elektrizitätsmenge Q', sondern das Doppelte davon ab, sodaß es jetzt den Feldlinien entgegen zurück nach K fliegt, dort wieder $2 Q'$ aufnimmt usw. Die bei K aufgenommenen

Elektronen werden durch die Pumpe aus der Erde wieder ersetzt, während die bei A abgeladenen Elektronen nach der Erde abfließen. Wir haben hier also denselben Ladungsträger, der sich abwechselnd in entgegengesetzter Richtung durch das Feld hindurchbewegt.

§ 47. Leitung durch eine Art Träger.

Einen zweiten Fall unselbständiger Leitung hatten wir schon bei dem Modellversuch der Abbildung 147. Die Wassertröpfchen, die wir dort ins Feld sprühten, sind Teile der Oberfläche von K und sind darum über(—)laden (vgl. den Versuch der Abbildung 149); sie geben ihre Ladung bei A ab, bleiben aber im Gegensatz zu dem Kügelchen auf der Unterseite von A hängen. Bringen wir, während K Überspannung hat und A geerdet ist, eine Probekugel ins Strömungsfeld, so zeigt sie aus dem Feld herausgebracht eine Über(—)ladung. Zum Nachweis eignet sich ein gewöhnliches Elektroskop etwa nach Abbildung I, 7 mit der Morsetastenschaltung (Abbildung 107). (Der Vorgang der Aufladung ist so zu erklären, daß zunächst infolge der Influenz die Elektronen der Probekugel in der Richtung der Feldlinien verschoben werden, und daß dann die Ladungen der Tröpfchen die Lücken auf der Rückseite ausfüllen.) Wir stellen fest, daß sich die über(—)ladenen Tröpfchen in gleicher Richtung bewegen, wie in den metallischen Teilen des Stromkreises die Elektronen selbst.

Wenn wir bei der Elektronenröhre die Feldrichtung umkehrten, so ging kein Strom durch die Röhre, da es keine zweite Sorte Elektronen gibt, die den Feldlinien entgegen läuft. Anders beim Modellversuch. Pumpen wir hier bei geerdetem A aus K Elektronen heraus, so sind die zersprühten Wassertropfen unter(+)-laden, und wir wissen aus § 32, daß auf einen unterladenen Körper eine Kraft in der Richtung gegen die Feldlinien wirkt. Die Elektronen, die wir immer wieder aus K abpumpen, sind von den Wassertröpfchen zurückgelassen; kommen Ladungsträger bei A an, so entziehen sie A Elektronen; diese werden von der Erde her ergänzt (vgl. auch die Anmerkung Seite 22/23); es fließt also ein Elektronenstrom von der Erde auf A. Wir

haben damit den interessanten Fall, daß in dem Stromkreis Erde-
K-A-Pumpe-Erde die unter($+$)ladenen Ladungsträger sich in entgegengesetzter Richtung bewegen wie die Elektronen in den
metallischen Teilen. Bringen wir in den Weg der Tröpfchen eine
Probekugel, so bekommt sie in diesem Falle eine Unter($+$)ladung.

Eine solche Trägerleitung, bei der entweder nur über($-$)- oder
nur unter($+$)ladene Träger durchs Feld wandern, haben wir schon
bei der sogenannten Spitzenwirkung in § 34 kennengelernt. Ist das
über($-$)ladene K mit einer Spitze versehen, die auf A zu gerichtet
ist, so treten wegen der großen Feldstärke an der Spitze Elektronen in die Luft über und heften sich an die benachbarten Luftmoleküle; diese werden zu Über($-$)ionen; die Über($-$)ionen
bewegen sich in der Richtung der Feldlinien; dabei nehmen sie
noch andere Luftteilchen mit, und so entsteht der elektrische Wind,
der eine Kerzenflamme ausblasen kann. Bei unterladenem K
dagegen entzieht die Spitze den benachbarten Luftmolekülen Elektronen: es entstehen Unter($+$)ionen, und diese strömen diesmal
den Feldlinien entgegen auf A zu. Die ins Feld gebrachte Probekugel verhält sich genau so wie bei dem obigen Versuch mit dem
Wassertröpfchen.

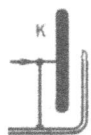

In der Flamme entstehen Überionen und
wandern mit den Feldlinien.

−175−

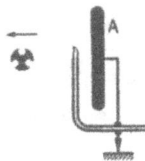

Unterionen wandern gegen die Feldlinien.

−176−

Statt der Spitze können wir auch eine kleine Flamme benutzen, die wir möglichst nahe bei K nach Abbildung 175 aufstellen und mit K leitend verbinden, oder wir stellen die Flamme
mit A verbunden nach Abbildung 176 auf und überzeugen uns
mit der Probekugel, daß dort Über($-$)ionen, hier Unter($+$)ionen
als Ladungsträger wandern.

§ 48. Leitung durch beide Arten Träger.

In Abbildung 177 befindet sich das kleine Flämmchen F der Flammensonde etwa in der Mitte zwischen den beiden Kondensatorplatten. In der Flamme entstehen Ionen beider Art, die in entgegengesetzter Richtung wandern, die Über(—)ionen nach A, die Unterionen nach K. Bringen wir eine Probekugel zwischen K und F, so bekommt sie Unter(+)ladung, zwischen F und A Über(—)ladung. Die unsichtbaren Ionen können wir im Modellversuch durch Wassertröpfchen ersetzen; wir bringen den Sprühzylinder der Abbildung 148 wohl isoliert an Stelle von F und sehen die Ladungsträger nach beiden Seiten abfliegen. Die

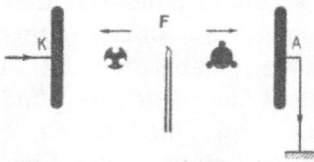

In der Flamme entstehen Über- und Unterionen.

— 177 —

Ionen brauchen jedoch keineswegs erst im Feld zu entstehen, wir können auch ein großes Stück unterhalb des Feldes eine größere Gasflamme aufstellen, sodaß die aufsteigende warme Luft Ionen mit ins Feld bringt, oder wir können die Ionen von der Seite her ins Feld hineinblasen.

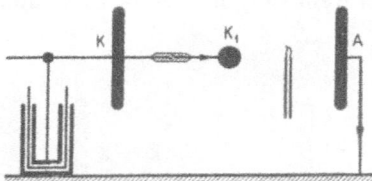

Nachweis des Stromes mit einem Neonröhrchen.

— 178 —

An den Spitzen wandern Ionen ab.
Durch das Röhrchen fließt ein Strom.

— 179 —

Den Strom, der durch die Ladungsträger zustande kommt, können wir mit einem Neonröhrchen nachweisen; es wird zwischen K und eine isolierte Kugel K_1 geschaltet (Abbildung 178). Dann werden der Kondensator und die ihm parallelgeschaltete Leidener Flasche geladen. Sobald wir jetzt das Flämmchen zwischen K_1 und A bringen, leuchtet das Röhrchen auf. Wir können geradesogut das Röhrchen zwischen K_1 und A bringen und das Flämmchen zwischen K und K_1.

Versehen wir ein Neonröhrchen beiderseits mit langen Spitzen und bringen es in die Richtung der Feldlinien ins Feld, so zeigt es einen Strom an (Abbildung 179). Auf der K zugewandten Seite wandern Unter(+)ionen ab und lassen Elektronen zurück, auf der andern Seite führen Über(—)ionen Elektronen weg. Sobald wir aber vor die eine Spitze eine Probekugel halten, hört der Strom auf.

Verbinden wir jede Kondensatorplatte mit einem ganz nahe bei ihr, wie in Abbildung 175, aufgestellten Flämmchen, oder bringen wir an jeder eine Spitze an, so wandern beide Arten Ladungsträger durcheinander hindurch zur gegenüberliegenden Platte. Das zeigt wieder der Modellversuch. Wir benutzen statt der Platten zwei Sprühzylinder (Abbildung 180) und beobachten, wie die Tröpfchen in beiden Richtungen durchs Feld fliegen.

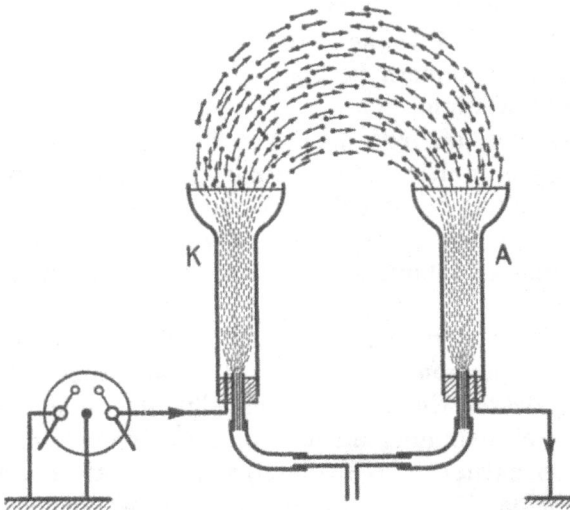

Ladungsträger wandern in beiden Richtungen durch das Feld.

—180—

Auch mit staubförmigen Trägern gelingt der Versuch. Zwischen zwei großen isolierten Kugeln stellen wir mittels der Influenzmaschine ein elektrisches Feld her und blasen aus einiger Entfernung in dieses mittels eines Zerstäubers (Abbildung 181) ein Gemisch aus Mennige und Schwefel.

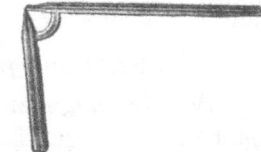

Zerstäuber zum Einblasen eines Schwefel-Mennige-Gemisches in das Feld.

—181—

Durch Berührung mit der gläsernen Zerstäuberdüse und untereinander bekommen die Staubteilchen verschiedene Ladung. K überzieht sich mit Mennige, A mit Schwefel.

Wir stellen noch einmal zusammenfassend fest: Damit sich das elektrische Feld in Luft von normalem Druck in ein Strömungsfeld verwandelt, müssen Ladungsträger in das Feld hineingebracht werden.

Wir haben in Bd. I § 13 und 14 ausdrücklich die Auffassung betont, daß es nur eine Art Elektrizität und nur eine Art Elektronen gibt. Dagegen gibt es zwei Arten Ionen, die im elektrischen Feld nach entgegengesetzter Richtung wandern.

Ein Ionenstrom kann im Dielektrikum Luft auf verschiedene Art zustande kommen. Einmal können Ionen im Feld entstehen durch Aufnahme und Abgabe von Elektronen zwischen den Luftmolekülen. Zum andern können auch die Ionen von außen ins Feld gebracht werden.

Die Flamme, die uns die Ionen lieferte, wird Ionisator genannt. Auf der ionisierenden Wirkung der Flamme beruht ihre Eigenschaft, Ladungen auf Isolatoren (Schaumgummi Bd. I Seite 10) zu vernichten, wenn diese Körper durch die Flamme gezogen werden. Auch radioaktive Körper und Röntgenstrahlen ionisieren die Luft.

Die Ionisationserscheinung macht die Flamme auch als Sonde geeignet (Abbildungen 101, 102, 117, 119). Wenn das Metallröhrchen, an dessen Ende die Flamme sitzt, eine andere Spannung hat, als der Feldspannung an der von ihm eingenommenen Stelle entspricht, so entsteht ein Spannungsgefälle, bei dem Feldlinien entweder auf das Röhrchen zu oder von ihm weglaufen. In jedem Falle wandern Ionen einer Art zum Röhrchen solange, bis das Röhrchen die Spannung hat, die gleich der Feldspannung an der Stelle ist.

§ 49. Selbständige Leitung in Luft von normalem Druck.

Bei der sogenannten Spitzenentladung haben wir es mit einer selbständigen Leitung zu tun, bei der die Luft an den Stellen großen Spannungsgefälles ionisiert wird. Im Dunkeln beobachten wir an der Spitze einen bläulichrot leuchtenden Pinsel. Diese Erscheinung tritt auch in der Natur auf und ist Bergsteigern und

Seeleuten als Elmsfeuer bekannt. Die Spannung auf einem mit einer Spitze versehenen geladenen Leiter sinkt bis auf etwa 1000 Volt, dann hört die Ionenbildung an der Spitze auf.

Bei weiterer Steigerung der Feldstärke beobachten wir die Büschelentladung, so zwischen den beiden Polen einer Influenzmaschine, die meist Kugelform haben. Von den Kugeln züngeln leuchtende Fäden sich verästelnd ins Kondensatorfeld.

Sobald die Büschelentladung die Strecke K A überbrückt, setzt ein Funke ein. Daß in ihm größere Elektrizitätsmengen übergehen, sehen wir an dem Sinken des Spannungsunterschiedes zwischen K und A. Im Funken bricht das elektrische Feld mit einem Schlage zusammen. Die starke Erhitzung der Funkenbahn zeigt sich im hellen Leuchten und lauten Knallen, Erscheinungen, die uns von der Entladung der Leidener Flasche und vom Blitz wohlbekannt sind.

Vorbedingung für das Zustandekommen der Funkenentladung ist ein hohes Spannungsgefälle. Wir haben in dem Versuch der Abbildung 124 gezeigt, daß beim Einbringen einer Glasplatte ins Feld das Spannungsgefälle in der Luft auf beiden Seiten der Platte größer wird. So kann es vorkommen, daß beim Hereinbringen der Platte ein Durchschlag in Funkenform erfolgt, während vorher die Luft allein standhielt.

Zur Erzeugung des Lichtboges der elektrischen Bogenlampe genügt eine Spannung von 60 Volt. Diese ist nicht im entferntesten in der Lage, selbst bei einem Abstand der beiden Kohleelektroden von nur 0,01 cm, eine Feldstärke zu erzeugen, die zur Ionisation ausreichte. Bringen wir jedoch die Kohlestäbe zur Berührung und ziehen sie dann auseinander, so kommen die Spitzen in helle Glut; diese bewirkt Ionenbildung, und jetzt können wir die Elektroden noch weiter voneinander entfernen, ehe der Lichtbogen abreißt. Am hellsten glüht die Anode. Blasen wir den Lichtbogen zur Seite, so wird der Ionenstrom unterbrochen, und die Bogenlampe erlischt.

Quecksilberbogenlampe.

— 182 —

Auch bei der Quecksilberbogenlampe (Abbildung 182) muß die Ionisation erst durch Herstellen eines Kontaktes zwischen den

9*

beiden flüssigen Elektroden eingeleitet werden. Das geschieht durch einfaches Kippen des Glas- oder Quarzbehälters. Beim Anschalten an die 220-Volt-Leitung ist ein Widerstand miteinzuschalten, der die Stromstärke nicht über 3 Ampere steigen läßt. Der Quecksilberbogen „brennt" unter hohem Druck.

§ 50. Strömungsfeld in verdünnter Luft.

Die Erscheinungen im zusammenbrechenden elektrischen Feld ändern sich wesentlich, wenn wir die Luft zwischen den Elektroden verdünnen. Dazu sind K und A in eine lange Röhre eingesetzt (Abbildung 183), die Zuführungen sind seitlich in die Glaswand eingeschmolzen. Jede der beiden Kondensatorplatten K und A hat in der Mitte ein kreisförmiges Loch. Ein seitlicher Ansatz am Rohr führt zur Luftpumpe.

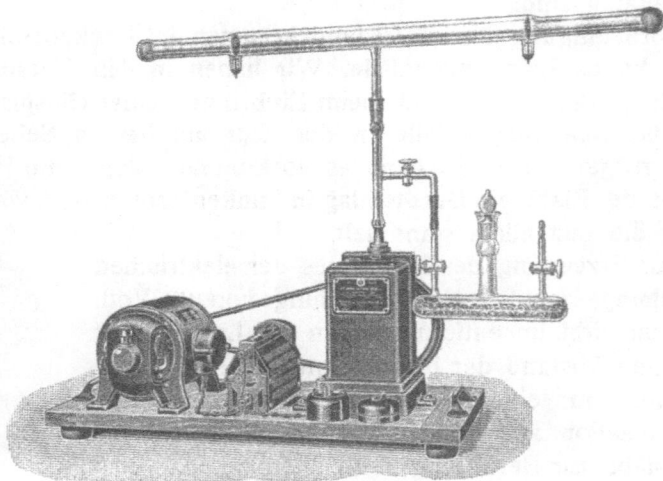

Gerät zur Herstellung eines Strömungsfeldes in verdünnter Luft.

— 183 —

Als Pumpe, die wir bei K und A anlegen, dient eine Influenzmaschine nach Abbildung 7 oder ein Funkeninduktor nach Abbildung 184, dessen Wirkungsweise wir im dritten Teil besprechen. Während wir nun durch Betätigung der Elektrizitätspumpe in der Röhre ein elektrisches Feld erzeugen und erhalten, erniedrigen wir gleichzeitig den Luftdruck. Dabei gehen eine ganze Reihe von Lichterscheinungen stetig ineinander über, von denen wir die auffälligsten beschreiben.

Funkeninduktor zur Erzeugung hoher Spannung zwischen K und A.
—184—

a) Bei normalem Luftdruck geht wegen der großen gegenseitigen Entfernung der Elektroden überhaupt kein bemerkbarer Strom durch die Röhre.

b) Bei etwa 40 mm Quecksilberdruck verläuft ein unruhiger geschlängelter roter Lichtfaden ähnlich wie bei der Büschelentladung zwischen K und A.

c) Der Faden wird dicker. Bei A beginnt ein schön rotes Lichtband; bei K entsteht ein blauer Lichtfleck; er ist von dem roten Band durch einen dunklen Zwischenraum getrennt.

d) Bei weiterer Druckerniedrigung verbreitet sich das Lichtband mehr und mehr; es füllt den ganzen Querschnitt der Röhre aus; der blaue Lichtfleck bei K wird größer, auch der Zwischenraum wächst. Unmittelbar auf K sitzt eine schwach rosa leuchtende Glimmhaut, von dem Blau durch einen dunklen Zwischenraum getrennt (Abbildung 185).

e) Dann geht das Rot in ein mattes Weiß über, dabei zeigen sich Schichten senkrecht zu den Feldlinien, die ihren Abstand mehr und mehr vergrößern.

f) Schließlich ist das Innere der Röhre fast von jeder Lichterscheinung frei, bei K bleibt nur ein kleines Lichtbüschel zurück, die gegenüberliegende Glaswand bei 6 fluoresziert hellgrün. Auch in dem Raum zwischen K und 0 ist eine schwache Lichterscheinung zu bemerken.

g) Bei noch weiterer Druckherabsetzung geht überhaupt kein Strom mehr durch die Röhre. — Abbildung 186 zeigt einen Satz von Röhren, jede mit einem andern Luftdruck, zur bequemen Vorführung der oben geschilderten Zustände b bis g.

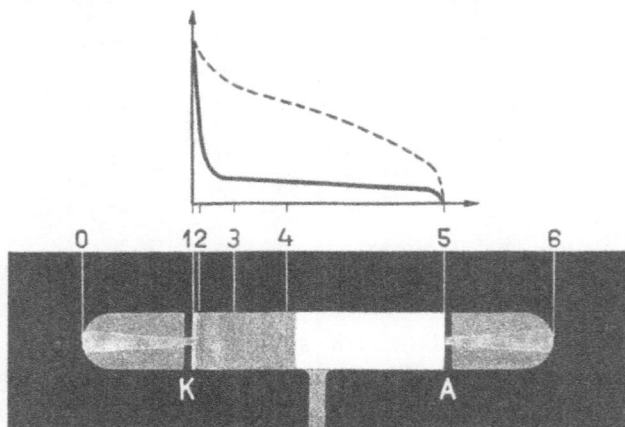

Spannungsabfall in der Röhre:
- - - - - Bei normalem Luftdruck im elektrischen Feld.
———— Bei 0,02 mm Druck im Strömungsfeld.
— 185 —

Leuchterscheinungen in der Röhre der Abbildung 183 bei 0,02 mm Quecksilberdruck.
1 Rosa leuchtende Glimmhaut sitzt unmittelbar auf K.
2 Erster kurzer Dunkelraum.
2—3 Blaues Glimmlicht.
3—4 Zweiter langer Dunkelraum.
4—5 Rötliche, meist geschichtete Anodensäule.
1—0 Leuchtende Spuren der aus Unter(+)ionen bestehenden „Kanalstrahlen".
5—6 Leuchtende Spuren der aus Elektronen bestehenden „Kathodenstrahlen".

Die Erklärung der einzelnen Erscheinungen steht noch keineswegs fest. Doch können wir folgendes aussagen: Bei dem in Abbildung 185 dargestellten Verdünnungszustand fliegen von K ausgehende Elektronen durchs Feld; zum Teil landen sie auf A, zum Teil fliegen sie als „Kathodenstrahlen" durch die Öffnung von A und treffen auf die Glaswand bei 6. Dagegen wird die Leuchterscheinung zwischen K und 0 hervorgerufen durch Über(+)-ionen, die durch die Öffnung von K hindurchfliegen und die sogenannten Kanalstrahlen darstellen. Eine Röhre zur Vorführung der Kanalstrahlen zeigt Abbildung 187; bei ihr ist die Kathode siebartig durchbrochen.

Das elektrische Feld zwischen K und A ist bei dem großen Abstand der Platten und der dadurch bedingten Streuung keineswegs homogen. Vielmehr muß das Spannungsgefälle in der Nähe von K und A am größten sein (vergl. Abbildung 185 oben). Die Spannung verläuft etwa nach der gestrichelten Kurve. Überlagert sich jedoch dem elektrischen Feld das Strömungsfeld, so wird durch die Anwesenheit der vielen Ionen der Spannungsabfall wesentlich verändert. In der Nähe von K im sogenannten „Kathodenfall" tritt zunächst ein sehr großes Spannungsgefälle auf, dann bleibt es durch die ganze Röhre hindurch konstant, erst kurz vor der Anode im „Anodenfall" wird die Feldstärke auf ein kurzes Stück wieder etwas größer. Die ausgezogene Kurve der Abbildung 185 ist das Ergebnis von Spannungsmessungen an Sonden, die in die Glaswand eingeschmolzen waren.

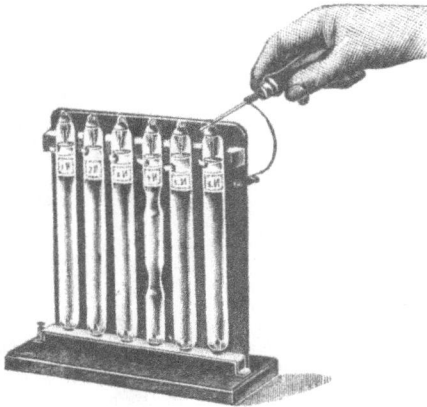

Vakuumskala.
— 186 —

Kanalstrahlenröhre.
— 187 —

Zur weiteren Erklärung der Erscheinungen wird heute die „Stoßionisation" herangezogen. Wenn Elektronen oder Ionen auf Moleküle auftreffen, seien das Moleküle fester oder gasförmiger Körper, so wird die vorher normale Elektronenverteilung gestört; aus dem Molekülverband werden Elektronen oder Ionen herausgerissen, sodaß die Anzahl der freien Elektronen oder Ionen wächst. So prallen im Kathodenfall beschleunigte Unter(+)ionen auf die Kathode und machen aus ihr durch Stoßionisation Elektronen frei; diese bekommen im Kathodenfall eine so große Geschwindigkeit, daß sie im übrigen Feld kaum mehr beeinflußt werden und geradeaus fliegen. Treffen sie unterwegs auf Luftmoleküle, so entstehen wieder neue Ionen und freie Elektronen, die nun selbst wieder am Elektrizitätstransport teilnehmen. Bei hohem Druck (20 mm) wandern hauptsächlich Ionen zwischen K und A auf gekrümmten Bahnen (Abbildung 188), da der ausgeprägte Kathodenfall noch fehlt. Bei dem niedrigen Druck in der Röhre der Abbildung 189 ist es einerlei, ob wir die Anode oben oder unten anlegen; die im Kathodenfall beschleunigten Elektronen treffen stets auf die gegenüberliegende Glaswand. Von dort wandern sie entweder der Glaswand entlang, oder sie werden von Luftteilchen zur Anode getragen, oder sie vereinigen sich mit Unter(+)ionen.

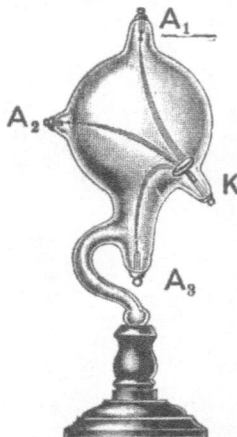

Röhre mit 4 Elektroden und 20 mm Druck. Bei dem noch hohen Druck wandern Ionen auf gekrümmten Wegen zwischen K und A.

— 188 —

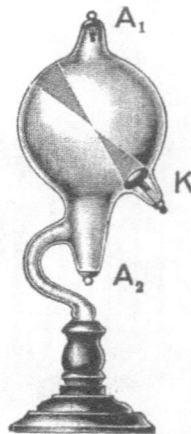

Rohr mit niedrigem Druck. Der Weg der von der Kathode ausgehenden Elektronen ist unabhängig von der Lage der Anode.

— 189 —

Kathodenstrahlen lassen sich durch magnetische Felder ablenken. In Abbildung 190 ist eine Röhre dargestellt, in der die Kathodenstrahlen entlang einem Leuchtschirm streichen und

auf diesem eine fluoreszierende Spur zeichnen. Bei der Annäherung eines Magneten nimmt
diese die in der Abbildung 190
dargestellte gekrümmte Form an.
Die magnetischen Feldlinien stehen senkrecht auf der Ebene der
Zeichnung.

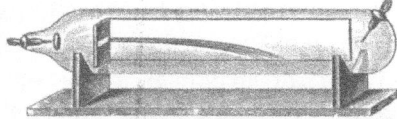

Ablenkung eines Kathodenstrahls durch ein
Magnetfeld, dessen Feldlinien senkrecht zur
Ebene der Zeichnung laufen.
— 190 —

§ 51. Technische Formen von Ionenröhren.

a) Leuchtröhren in allen möglichen Formen, aus verschiedenen
Glassorten, sogar mit fluoreszierenden Flüssigkeiten umgeben,
bildeten einst die Paradestücke physikalischer Wanderredner. Heute
werden sie in der Lichtreklame benutzt. Statt Luft enthalten sie
meistens Neon. In diesem Edelgas leuchtet die von der Anode
ausgehende Lichtsäule in einem wundervollen Rot.

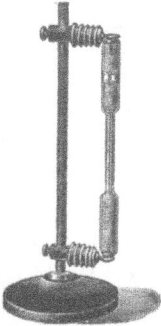 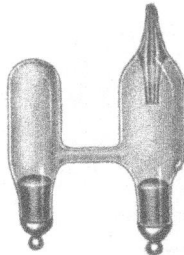 

Röhren zur Beobachtung von Linienspektren.   Glimmlampe.
— 191 —   — 192 —

b) Das kleine Röhrchen, mit dem wir schon im § 5 (Abbildung 11c) sehr schwache Ströme nachgewiesen haben, hat
eine Neonfüllung. Dadurch wird die Ionenbildung sehr begünstigt,
außerdem sind die Elektroden einander soweit genähert, daß auch
bei geringer Spannung die Feldstärke groß wird.

c) Zur Betrachtung der Spektren von Gasen dienen Röhren
von der in Abbildung 191 dargestellten Form. Die Leuchterscheinung
ist am stärksten in der Einschnürung in der Mitte, wo die Strom-

linien zusammengedrängt werden. Möglichst nahe an diese Stelle
wird der Spalt des Spektroskops gebracht. Ein besonders schönes
Linienspektrum zeigen die unter a) genannten Neonröhren.

d) Im Gegensatz zu diesen Röhren, bei denen die Anodensäule besonders ausgebildet ist, wird bei der Glimmlampe (Abbildung 192) die Glimmhaut auf der Kathode zur Lichterzeugung
benutzt. Die Elektroden bestehen aus Eisendrähten mit einem
Kaliumbelag. Sie sind bei den neueren Formen zu einem Gebilde
von der Form eines Bienenkorbes aufgewunden. Nur die um
die Kathode schwebende Glimmhaut leuchtet. Bei Wechselspannung
leuchten beide Elektroden abwechselnd. Gefüllt sind die Lampen
mit verdünntem Neon. Die Betriebsspannung kann bis unter
100 Volt heruntergehen.

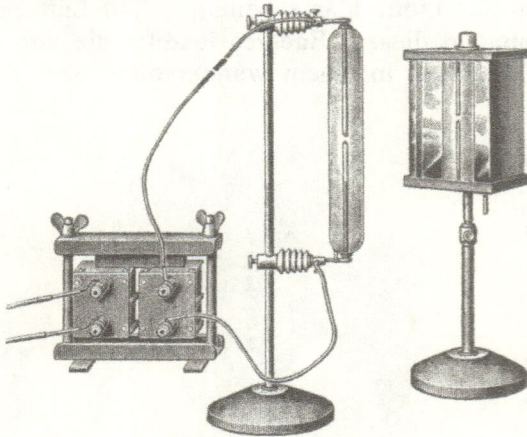

Glimmlichtoszillograph.
— 193 —

e) Bei der Röhre der Abbildung 193 haben die Elektroden
Stabform und nähern sich bis auf einen Abstand von 1 mm. Die
Anodensäule ist vollkommen verkümmert. Die Kathode überzieht
sich, von der Mitte beginnend, mit einer Glimmhaut, und deren
Länge wächst proportional mit der angelegten Spannung. Wechselt
diese, so ist im rotierenden Spiegel der Abbildung 193 die
Spannungskurve (Abbildung 194) zu sehen. Die Glimmhaut folgt
den Spannungsänderungen trägheitslos. Der Apparat wird als
„Glimmlichtoszillograph" benutzt.

f) Einen Oszillographen, der die Kathodenstrahlen benutzt, stellt die „Braunsche Röhre" (Abbildung 196) dar. Die Kathode befindet sich an einem Ende, die Anode seitlich. Die von der Kathode ausgehenden Elektronen werden im Kathodenfall so beschleunigt, daß sie geradlinig an der Anode vorbeifliegen. Beim Auftreffen auf die gegenüber angebrachte Glimmerscheibe erzeugen sie einen Fluoreszenzfleck. Der Kathodenstrahl geht dabei zwischen den Platten eines kleinen Kondensators hindurch. Verbinden wir die eine Platte mit der Erde, die andere mit einer isolierten Kugel (wie bei der Elektronenröhre in Abbildung 156) und nähern dieser einen geriebenen Hartgummistab, so wird der Lichtfleck nach der entgegengesetzten Seite abgelenkt. Dagegen hat das Annähern eines geriebenen Glasstabes zunächst keinen Erfolg, erst beim Wegnehmen

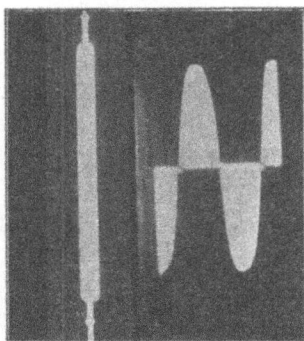

Bild der Glimmhaut im rotierenden Spiegel bei Wechselspannung.

— 194 —

wird der Kathodenstrahl nach der geerdeten Platte zu abgelenkt. Die Erscheinung ist wie bei der Elektronenröhre zu erklären (§ 39). Auch durch ein magnetisches Feld wird der Kathodenstrahl abgelenkt. Beim Annähern eines Magneten erfolgt die Ablenkung senkrecht zu den magnetischen Feldlinien.

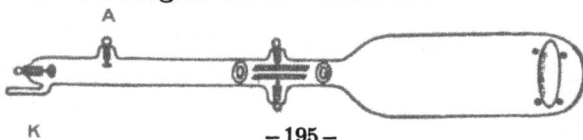

— 195 —

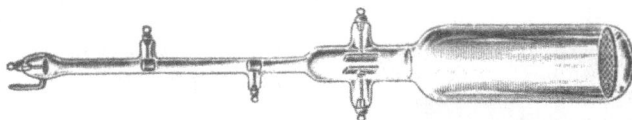

Braunsche Röhre mit Kathode, Anode, 2 Kondensatorplatten und Leuchtschirm.

— 196 —

g) Treffen Kathodenstrahlen auf ein Hindernis, so entstehen „Röntgenstrahlen". Bei der Röhre der Abbildung 197 ist links

die Kathode; sie hat die Form eines Hohlspiegels, in dessen
Krümmungsmittelpunkt die Kathodenstrahlen auf die Anode auftreffen. Die dritte Elektrode wird bei der Herstellung des Va-
kuums benutzt.

Abbildung 198 zeigt eine größere Röntgenröhre. Röntgenstrahlen sind Lichtstrahlen sehr kleiner Wellenlänge. Eine große
Anzahl Stoffe, die für sichtbares Licht undurchlässig sind, lassen
Röntgenstrahlen durch. Beim Auftreffen der Röntgenstrahlen auf
manche Stoffe wie Kaliumplatinzyanür entsteht durch Fluoreszenz
sichtbares Licht. Auch wirken die Röntgenstrahlen auf die photo-
graphische Platte ein. Aus der Erfindung Röntgens im Jahre 1895
hat sich ein ganz neuer Zweig der Technik entwickelt. Während
bei den ersten Röntgenaufnahmen lange Belichtungszeiten nötig
waren, gelingen heute kinematographische Aufnahmen des
schlagenden Herzens.

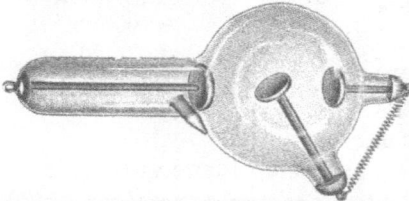

Röntgenröhre. Die von der Kathode links ausgehenden Elektronen erzeugen beim Auftreffen
auf die schrägliegende Anode Röntgenstrahlen.
— 197 —

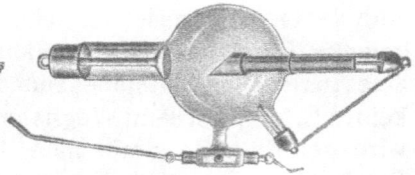

Größere Röntgenröhre mit Regenerierung.

— 198 —

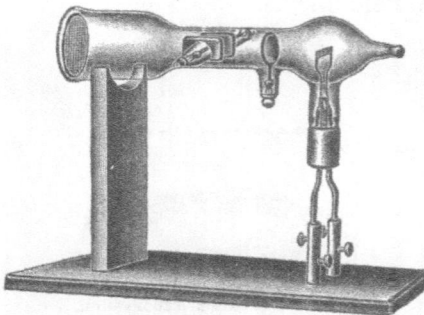

Braunsche Röhre mit Glühkathode.
— 199 —

Die Eigenschaft der Rönt-
genstrahlen, die Luft zu ionisieren, haben wir schon in § 48
erwähnt. Bestrahlen wir im
Versuch der Abbildung 178 den
Raum zwischen K_1 und A mit
Röntgenstrahlen, so leuchtet
das Glimmlämpchen auf.

Es gibt auch Röntgenröhren
mit unselbständiger Leitung; in
ihnen ist die Luft so sehr ver-
dünnt, daß eine nennenswerte
Stoßionisation an der Kathode nicht mehr auftritt. Sie sind

praktisch luftleer. Um in das Feld doch Elektronen hereinzubringen, verfährt man wie bei der Elektronenröhre; die Kathode, die aus einem Wolframdraht besteht, wird durch eine Batterie geheizt. Ebenso hat die Braunsche Röhre nach Abbildung 199 eine Glühkathode.

§ 52. Versuche mit der Glimmlampe.

Die Glimmlampe können wir auffassen als einen Kondensator, der bei einer bestimmten Spannung durchschlägt. Die niedrigste Spannung, bei der dies geschieht, heißt „Zündspannung". Um sie zu bestimmen wenden wir Spannungsteilung an und erhöhen die Spannung ganz allmählich. Hat die Lampe bei der Spannung Z einmal gezündet, so können wir mit der Spannung wieder ein großes Stück heruntergehen, ehe die Lampe bei der „Löschspannung" L wieder erlischt. So war bei einer handelsüblichen Lampe Z = 170 Volt, L = 150 Volt.

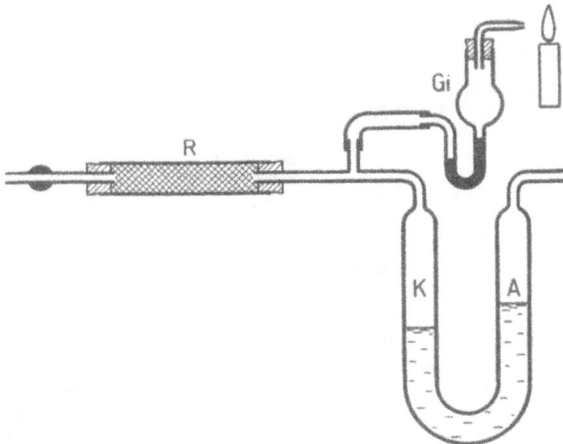

Parallelversuch zu Abbildung 201. Sandrohr, Kondensatormodell K A; der kleine „Kondensator" Gi läßt beim Erreichen eines bestimmten Druckes Gas durch. Sperrflüssigkeit in Gi ist Wasser.

— 200 —

Parallelversuche.

In Abbildung 200 ist an die Gasleitung ein Sandrohr wie in Abbildung 51 angeschlossen, dann verzweigt sich die Leitung nach unserem

An die spannungführende Steckbuchse der Abbildung 201 ist zunächst ein hochohmiger Leiter angeschlossen, dann verzweigt sich die Leitung nach bekannten U-Rohr und nach einem zweiten von der aus der Abbildung ersichtlichen Form. Dieses hat nur kleinen Querschnitt. Steigt der Druck, so wird das Wasser in die Kugel gedrängt; damit wird aber der Gegendruck des Wassers geringer. Wir beobachten, wie in K die Flüssigkeitsoberfläche sinkt; wenn ein bestimmter Druck erreicht ist, tritt bei Gi Gas aus; das Gas strömt zum Teil aus K aus; dabei sinkt der Druck wieder; die Flüssigkeit in Gi strömt zurück und verschließt wieder das Rohr, dann steigt der Druck wieder usw. Stellen wir nach einiger Zeit vor die Öffnung von Gi eine brennende Kerze, so zündet das Gas in regelmäßigen Zeitabständen.

einem Kondensator K A und einer Glimmlampe, danach führen die beiden Leitungen gemeinsam zur Erde.

Wir beobachten bald nach dem Einschalten, daß die Glimmlampe in gleichen Zeitabständen aufleuchtet. Der Kondensator lädt sich langsam bis zur Zündspannung, die Glimmlampe zündet; sobald die Löschspannung erreicht ist, erlischt sie wieder. Dann steigt die Spannung wieder langsam usw. So leuchtet die Glimmlampe im Takt auf und erlischt wieder. Diese Erscheinung wird als „Kippschwingung" bezeichnet. Die Frequenz ist bei hohem Widerstand und großer Kapazität sehr klein, Größenordnung $0,1 \ sec \ ^{-1}$; durch Herabsetzung von Widerstand und Kapazität läßt sie sich steigern, daß nur noch ein unruhiges Flackern übrig bleibt; schließlich müssen wir den rotierenden Spiegel zu Hilfe nehmen, um die Schwingungen nachzuweisen.

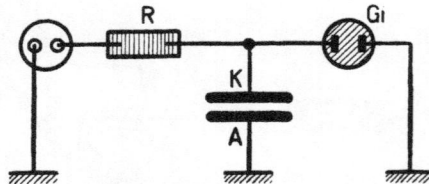

Schaltung für Kippschwingungen.

−201−

Der Versuch gelingt auch, wenn wir das U-Rohr parallel zum Kondensator legen (Abbildung 202). Beim Öffnen des Gashahns strömt zunächst Gas in K ein, während aus Gi Luft ausströmt, dann schließt sich Gi wieder (vergl. auch Abbildung 55). Danach strömt Gas aus K über R nach A; dabei wird der Druckunterschied zwischen K und A kleiner. Der Druck in A steigt wieder, sodaß aus Gi wieder Gas ausströmt. — Die Kerze darf erst aufgestellt werden, wenn der Versuch eine Zeitlang im Gange ist.

Der Versuch gelingt auch, wenn der Kondensator parallel zum hochohmigen Leiter liegt (Abbildung 203). Zunächst gibt es einen Strom, der durch den Kondensator als Verschiebungsstrom und über die Glimmlampe zur Erde geht. Dann sinkt die Spannungsdifferenz zwischen K und A, da über R Elektronen auch auf A fließen (vergl. Abbildung 203). Das dauert wieder solange, bis bei Erreichung der Zündspannung die Glimmlampe durchschlägt usw. Bei alten Wickelkondensatoren läßt das Dielektrikum mitunter die Elektronen geradesogut

durch wie oben der parallelgeschaltete
Leiter. Die Kippschwingungen treten
daher bei ihnen schon auf, wenn Kondensator und Glimmlampe hintereinander in den Stromkreis geschaltet
werden.

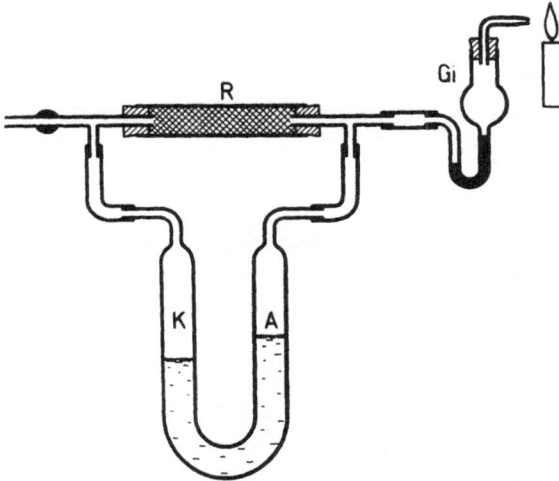

Parallelversuch zu Abbildung 203.

— 202 —

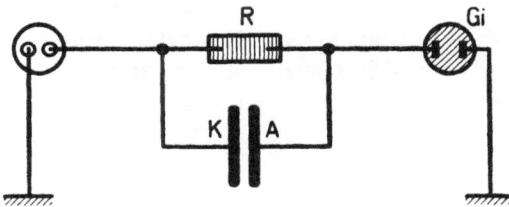

Andere Schaltung für Kippschwingungen.

— 203 —

Bei diesen Versuchen spielt die Glimmlampe die Rolle eines
selbsttätigen Schalters. Die Schaltung der Abbildung 201 ist unter
dem Namen „Glimmbrücke" bekannt. Ändern wir R und C, so
ergibt sich bei derselben Spannung als Konstante für eine ge-
gebene Glimmlampe das Produkt:

$$a = n \cdot R \cdot C.$$

Sind R und C bekannt, so brauchen wir nur n mittels der Stoppuhr zu bestimmen, um auch a zu finden. Ersetzen wir den Leiter
mit dem bekannten Widerstand R durch einen andern, so beobachten wir eine Frequenz n_1 und finden den unbekannten Widerstand

$$R_1 = \frac{a}{n_1 \cdot C},$$

oder wir ersetzen den Kondensator mit der bekannten Kapazität C
durch einen andern, so finden wir dessen Kapazität mittels der
Frequenz n_2 zu

$$C_2 = \frac{a}{n_2 \cdot R}.$$

So läßt sich mittels der Glimmbrücke auch die Wirkung des
Hintereinander- und Parallelschaltens von Leitern (vergl. Bd. 1
Seite 58/59) oder von Kondensatoren (vergl. Seite 45)
zeigen.

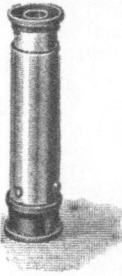

Als hochohmiger Leiter mit bequem veränderlichem
Widerstand kann eine Elektronenröhre dienen, bei der
die Heizstromstärke verändert wird (Schaltung nach Abbildung 158).

Wir erwähnen zum Schluß noch den Gebrauch der
Glimmlampe mit verschieden geformten Elektroden als
„Polsucher" und machen noch einmal auf das wunder-
volle Linienspektrum des roten Glimmlichts aufmerk-
sam, das sich schon mit dem einfachsten Taschenspek-
troskop (Abbildung 204) beobachten läßt.

Taschen-
spektroskop.
—204—

VII. Leitung in Flüssigkeiten.

§ 53. Ionenleitung in Wasser.

In § 7b des ersten Bandes haben wir ganz kurz die chemischen Wirkungen des elektrischen Stromes behandelt. Diese Erscheinungen betrachten wir jetzt unter dem Gesichtspunkt des elektrischen Feldes. Unsere beiden Kondensatorplatten finden wir bei der Elektrolyse als Kathode und Anode wieder. Dielektrikum ist meist Wasser, das sich durch seine hohe Dielektrizitätskonstante auszeichnet (vgl. die Tabelle auf Seite 70). Eine Leitung in Wasser kann nur durch Ionen zustande gebracht werden. Man könnte geneigt sein, die an den Elektroden auftretenden Stoffe als Ladungsträger anzusehen, so z. B. Wasserstoff und Sauerstoff im Versuch der Abbildung 24 in Band I. Dieser Schluß ist nur in wenigen Fällen richtig. Einen solchen Fall behandeln wir zunächst.

In das trichterförmige Gefäß der Abbildung 205 bringen wir destilliertes Wasser; über die Platin- oder besser Kohleelektroden stülpen wir die mit dem gleichen Wasser gefüllten aufhängbaren Zylinder. Dann versuchen wir mittels einer Spannung von 100 Volt (Spannungsteilerschaltung) durch das Gerät und ein dahintergeschaltetes Amperemeter (Abbildung 53 mit einem Parallelleiter für den Meßbereich 5 Ampere, vgl. Bd. I § 22, 2), einen elektrischen Strom zu treiben. Das Amperemeter schlägt überhaupt nicht aus. Destilliertes Wasser ist ein sehr schlechter Leiter. Wir bringen jetzt in das Wasser einen Schuß Salz-

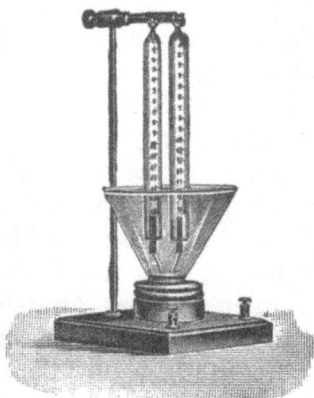

Wasserstoff und Chlor.

säure; das Amperemeter zeigt je nach der Menge der eingebrachten Salzsäure eine Stromstärke bis zu einem Ampere an; gleichzeitig bilden sich an den Elektroden Gasblasen, werden größer und steigen auf. Das Gas an der Anode erweist sich bei näherer Untersuchung als Chlor, das an der Kathode als Wasserstoff.

Wir haben in das Feld die Verbindung HCl gebracht. Ihre Bestandteile treffen wir an den Elektroden wieder und schließen: Die Chloratome sind als Über(—)ionen in der Richtung der Feldlinien, die Wasserstoffatome als Unter(+)ionen den Feldlinien entgegen gewandert, beide sind an den Elektroden entionisiert worden und steigen spannungslos oder neutral auf. Es bleibt nur die Frage: Ist die Ionisation eine Wirkung des elektrischen Feldes wie etwa bei den Versuchen der Abbildungen 179 und 180, oder liegen die Verhältnisse wie bei dem Versuch mit Mennige und Schwefel in § 48, wo die eingebrachten Ladungsträger schon von vornherein eine Ladung mitbringen? Die Frage ist von der physikalischen Chemie entschieden; auf Grund von Beobachtungen, auf die wir hier nicht eingehen können, hat sich die Auffassung durchgesetzt, daß die HCl-Moleküle schon bei der Auflösung im Wasser sich großenteils in ihre Bestandteile spalten oder „dissoziieren". Bei dieser „Dissoziation" überläßt das Wasserstoffatom seinem Partner gerade ein Elektron, sodaß im Dielektrikum H-Unter(+)ionen und Cl-Über(—)ionen auftreten; jene wandern den Feldlinien entgegen, diese mit den Feldlinien (Abbildung 206). Das Feld hat also nur die Aufgabe, die Ionen zu „sortieren". Setzen wir den Versuch längere Zeit fort, so erschöpfen sich die Ladungsträger, und damit sinkt die Stromstärke.

Bringen wir statt der Salzsäure eine Kochsalzlösung in das Wasser, so verhält sich das Amperemeter genau so wie oben. Da sich jetzt die Verbindung NaCl im Dielektrikum befindet, können wir an der Kathode Natrium erwarten; statt dessen beobachten wir das Auftreten von Natronlauge, während Wasserstoff entweicht. Die entionisierten Natriumionen reagieren nämlich an der Kathode mit dem Wasser nach der Formel:

$$2\,Na + 2\,H_2O \longrightarrow 2\,NaOH + H_2.$$

Der freiwerdende Wasserstoff ist kein Ladungsträger, sondern nur Reaktionsprodukt. An der Anode treffen wir wieder die entladenen Chlorionen. Wir können aber auch die Natriumatome in Sicherheit bringen, ehe sie auf das Wasser einwirken. Dazu benutzen wir eine Kathode aus Quecksilber (Abbildung 207). Die Na-Atome legieren sich mit dem Quecksilber; es entsteht Natriumamalgam, aus dem sich durch Abdestillieren des Quecksilbers das Natrium gewinnen läßt. Wir begnügen uns damit, das Natriumamalgam mit heißem Wasser zu übergießen und festzustellen, daß Wasserstoff entweicht und Natronlauge entsteht.

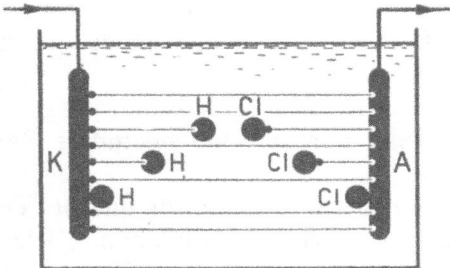

Durch Dissoziation entstandene Ionen wandern im Feld in entgegengesetzter Richtung.

— 206 —

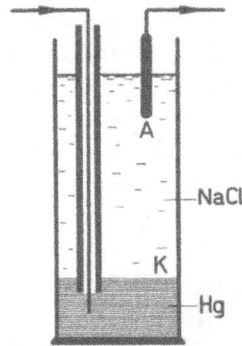

Elektrolyse d. Kochsalzes zwischen Quecksilberkathode und Kohleanode. An der Kathode bildet sich Natriumamalgam.

— 207 —

Bei der Elektrolyse der verdünnten Schwefelsäure (Bd. I Abbildung 24) werden an der Kathode die Ladungsträger, an der Anode Reaktionsprodukte sichtbar. Die H_2SO_4-Moleküle dissoziieren in Wasserstoffunter($+$)ionen und Sulfatüber($-$)ionen. Die an der Anode freiwerdenden Ladungsträger (SO_4) reagieren mit dem Wasser nach der Formel:

$$2\,SO_4 + 2\,H_2O \longrightarrow 2\,H_2SO_4 + O_2.$$

In diesem Fall nehmen die Ladungsträger an Zahl nicht ab, da sie durch die Vorgänge an der Anode immer wieder ergänzt werden. Hier handelt es sich also nicht um eine Elektrolyse des Wassers, sondern der Schwefelsäure; die Zersetzung des Wassers ist eine sekundäre Erscheinung.

Bei der Prüfung der Amperemeter benutzten wir in Band I § 19 die Elektrolyse des Kupfervitriols ($CuSO_4$) zwischen Kupferelektroden (Bd. I Abbildung 94). An der Kathode schlägt sich

10*

Kupfer nieder, der Rest SO_4 bildet mit dem Kupfer der Anode neues Kupfersulfat.

Ebenso wird im Silbervoltameter (Bd. I Abbildung 92) an der Kathode Ag niedergeschlagen, der Rest NO_3 ergänzt sich aus dem Silber des Anodenstiftes wieder zu Silbernitrat $AgNO_3$.

Der Bleibaum (Bd. I Abbildung 25) entsteht aus entionisierten Bleiionen (Pb), der Essigsäurerest CH_3COO bildet mit dem Blei der Anode wieder Bleiacetat $Pb(CH_3COO)_2$.

Natriumhydroxyd liefert bei der Elektrolyse zwischen Platinelektroden ebenso wie Schwefelsäure die Bestandteile des Wassers. In der Lauge ist das NaOH dissoziiert in Na-Ionen und OH-Ionen. Das Verhalten des Natriums an der Kathode kennen wir von der Elektrolyse des Kochsalzes. Der Rest OH reagiert an der Anode nach der Formel:

$$4\,OH \longrightarrow 2\,H_2O + O_2.$$

Dabei handelt es sich auch wieder nur um eine sekundäre Zersetzung des Wassers.

Noch weitere Beispiele anzuführen, müssen wir uns bei der Überfülle versagen. Die Dissoziation wird durch die hohe Dielektrizitätskonstante des Wassers begünstigt. Stellen wir uns die Ionen in grober Annäherung als Kugeln vor, so wird die elektrische Kraft, die bei ihrer Trennung zu überwinden ist, deshalb so klein, weil im Coulombschen Gesetz (vgl. § 34) die Zahl 81 im Nenner auftritt.

Das Ergebnis unserer und anderer Beobachtungen fassen wir zusammen: Im Wasser wandern Wasserstoff, Metalle, Ammonium als Unter(+)ionen den Feldlinien entgegen; Säurereste (Cl, SO_4, NO_3) und die OH-Gruppe wandern als Über(—)ionen in der Richtung der Feldlinien.

§ 54. Die Ladung der Ionen.

Das grundlegende Ergebnis des § 35 war die Existenz des elektrischen Elementarquantums

$$e = 1,6 \cdot 10^{-19}\ \text{Amperesekunden}.$$

Aus der physikalischen Chemie übernehmen wir folgende Anschauungen: Alle Atome desselben Elementes, alle Moleküle derselben Verbindung sind gleich schwer.

A Gramm eines Elementes vom Atomgewicht A heißen 1 Grammatom des Elements. Danach bedeuten:

1 Grammatom Wasserstoff 1 g Wasserstoff
1 Grammatom Sauerstoff 16 g Sauerstoff
1 Grammatom Kupfer 63,57 g Kupfer
1 Grammatom Silber 107,88 g Silber

usw. Für das Grammatom gilt der wichtige Satz: Alle Grammatome enthalten die gleiche Anzahl Atome

$$6 . 10^{23} \text{ (Loschmidtsche Zahl).}$$

Ebenso werden M Gramm einer Verbindung vom Molekulargewicht M 1 Grammolekül oder 1 Mol genannt. Auch jedes Mol enthält $6 . 10^{23}$ Moleküle. Soweit die aus der Chemie übernommenen Begriffe.

Unterwerfen wir in dem Gerät der Abbildung 208 Salzsäure der Elektrolyse zwischen Kohleelektroden, so betrage die durch einen Strom der konstanten Stromstärke J, während t Sekunden ausgeschiedene Wasserstoffmenge b Gramm. Das Produkt J . t gibt die durch den Apparat geflossene Elektrizitätsmenge in Amperesekunden an; wir dividieren es durch b und finden als Konstante

Gerät zur Bestimmung der abgeschiedenen Wasserstoffmenge.

– 208 –

$$\frac{J . t}{b} = 96500.$$

Das ist nach dem obigen die Unter(+)ladung von $6 . 10^{23}$ Wasserstoffionen. Mithin kommt auf ein Wasserstoffion

$$\frac{96500}{6 . 10^{23}} = 1,6 . 10^{-19} \text{ Amperesekunden,}$$

eine Zahl, die vorzüglich mit dem Ergebnis des Millikanversuches (vergl. § 35) übereinstimmt.

Nach Bd. I, § 19, beträgt die durch eine Amperesekunde niedergeschlagene Silbermenge 0,001118 g. 1 Grammatom Silber wiegt 107,88 g. Für diese Menge berechnen wir die Elektrizitätsmenge zu

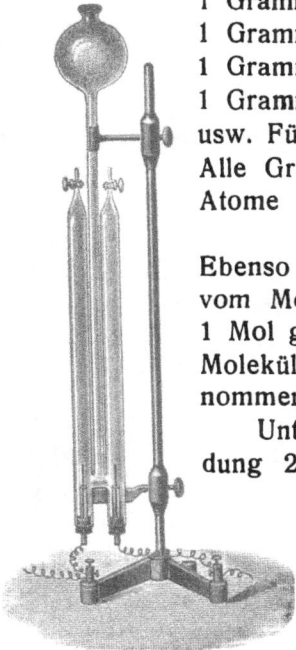

$$\frac{107,88}{0,001118} = 96500 \text{ Amperesekunden.}$$

Da nach dem Vorhergehenden das Grammatom Silber $6 . 10^{23}$ Atome enthält, kommt auf jedes Silberion wieder ein elektrisches Elementarquantum (Abbildung 215).

Beim Kupfervoltameter gaben wir in Bd. I, § 19, die Zahl 0,0003294 an. Das Atomgewicht von Kupfer beträgt 63,57. Rechnen wir wie oben, so finden wir

$$\frac{63,57}{0,0003294} = 193000 \text{ Amperesekunden,}$$

also gerade das Doppelte wie oben. Mithin betrug die Unter-(+)ladung des Kupferions, das aus Kupfer(2)sulfatlösung ($CuSO_4$) abgeschieden wurde, 2 Elementarquanten (Abbildung 212).

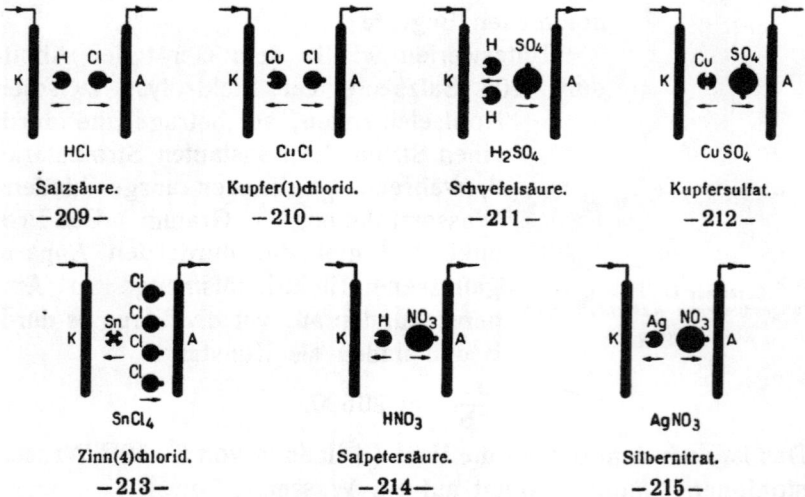

Salzsäure.   Kupfer(1)chlorid.   Schwefelsäure.   Kupfersulfat.
−209−   −210−   −211−   −212−

Zinn(4)chlorid.   Salpetersäure.   Silbernitrat.
−213−   −214−   −215−

Schematische Darstellung der Elektrolyse. Jeder Kreis bedeutet ein Ion, jede Lücke ein fehlendes, jeder Ansatz ein überschüssiges Elektron.

Dagegen beträgt die Unter(+)ladung des Kupferions bei der Elektrolyse des Kupfer(1)chlorids (CuCl) nur eine Elementarladung (Abbildung 210).

Dem Zinnion, das aus einer Lösung von Zinn(4)chlorid ($SnCl_4$) an der Kathode erscheint, fehlen 4 Elektronen, die es bei der Dissoziation den 4 Chloratomen überlassen hat (Abbildung 213).

Die rein schematischen Darstellungen der Abbildungen 209 bis 215 geben die Erklärung. Ein n-wertiges Atom, d. h. ein Atom, das in einer Verbindung n Wasserstoffatome vertritt, verliert bei der Dissoziation n Elektronen und geht mit einer Unter($+$)ladung von n Elementarquanten zur Kathode.

Wir fassen zusammen: Die $N = 6 \cdot 10^{23}$ Atome des Grammatoms eines Elements der Wertigkeit n befördern eine Elektrizitätsmenge von

$$N \cdot n \cdot e = n \cdot 96500 \text{ Amperesekunden.}$$

Zwischen der Loschmidtschen Zahl und der elektrischen Elementarladung besteht die Gleichung

$$N \cdot e = 96500 \text{ Amperesekunden.}$$

Die beiden letzten Gleichungen stellen den Inhalt der von Faraday gefundenen „elektrolytischen Gesetze" dar. Ihre Nachprüfung durch den Versuch ist nicht schwer. Wir schalten hintereinander: 2 Apparate der Abbildung 208, der erste hat Kohleelektroden und enthält verdünnte Salzsäure (HCl), der zweite Platinelektroden und verdünnte Schwefelsäure (H_2SO_4); dann folgen 2 Gefäße nach Abbildung 216 mit Kupferelektroden, das erste enthält eine wässerige Lösung von Kupfer(1)chlorid (CuCl), das zweite von Kupfer(2)sulfat ($CuSO_4$); das letzte Gefäß enthält eine Lösung von Zinn(4)chlorid ($SuCl_4$) zwischen Zinnelektroden. Die drei letzten Kathoden werden vor und nach dem Versuch gewogen. Durch die Kette schicken wir einen Strom von etwa 0,5 Ampere mindestens eine halbe Stunde lang. Aus den abgeschiedenen Mengen m von Wasserstoff, Kupfer und Zinn, und den dazugehörigen Atomgewichten A berechnen wir die Anzahl der Grammatome, $a = m/A$. Dann ergibt sich in jedem der fünf Fälle mehr oder weniger genau:

Elektrolytische Zelle mit Metallelektroden.

$-216-$

$$a \cdot N \cdot n \cdot e = a \cdot n \cdot 96500 = J \cdot t \cdot \text{Amperesekunden.}$$

Die Veränderungen an den Anoden eignen sich nicht zur Prüfung. Chlor löst sich leicht in Wasser, an den Metallanoden lösen sich

Teile ab und fallen als Schlamm zu Boden; dadurch erhalten wir
einmal zu kleine, dann zu große Werte. Aus den obigen Gleichungen
finden wir:

$$m = A . a = \frac{|A . J . t}{n . 96500} \text{ Gramm}$$

als Menge der an der Kathode erscheinenden Stoffe.

§ 55. Die Geschwindigkeit der Ionen.

Die elektrische Kraft, die im Feld auf die Ionen wirkt, ruft
Reibung hervor. Bei konstanter Feldstärke nimmt dabei die
Geschwindigkeit der Ionen einen festen Wert an; den Grund sehen
wir in der „Reibung im widerstehenden Mittel". Als Folge dieser
Reibung beobachten wir die Erwärmung des flüssigen Leiters.
Aber auch die Bewegung der Ionen läßt sich zeigen und ihre
Geschwindigkeit der Größenordnung nach messen.

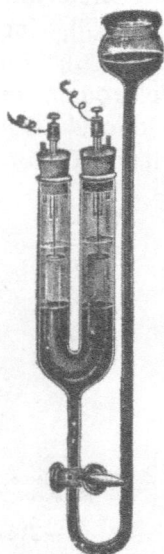

Gerät zur Beobachtung der
Geschwindigkeit von $KMnO_4$-
Ionen.

— 217 —

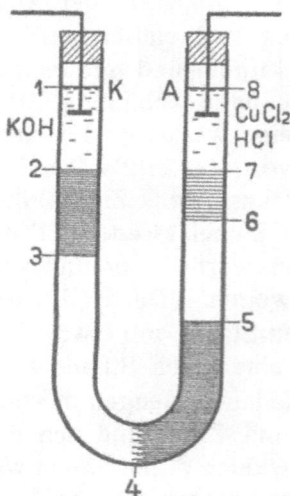

Ionen mit verschiedener Geschwindigkeit in einer
Agar-Agar-Lösung mit Zusatz von Kaliumchlorid.
1—2 farblos.
2—3 Rotfärbung durch OH-Ionen.
7—5 Entfärbung durch H-Ionen.
7—6 Blaufärbung durch Cu-Ionen.

— 218 —

In den Trichterschenkel des Gerätes der Abbildung 217 bringen
wir eine 0,1 prozentige Lösung von Kaliumpermanganat $KMnO_4$,

dem wir zur Erhöhung des Artgewichts 5 g Harnstoff auf je 100 cm³ zugesetzt haben. MnO_4-Ionen sind violettrot, Harnstoff dissoziiert nicht. Unter Vermeidung von Luftblasen lassen wir die Lösung bis zur Verzweigung aufsteigen, schließen den Hahn, füllen die beiden Schenkel bis zur halben Höhe mit einer 0,05 prozentigen Lösung von Kalisalpeter und lassen die rote Lösung soweit hochsteigen, bis die farblose Lösung darüber die Platinelektroden bedeckt. Durch eine angelegte Spannung von 100 Volt setzen wir dann die Ionen in Bewegung und beobachten ein Sinken der farbigen Flüssigkeit im Kathodenschenkel. Messen wir Zeit und Weg, den die Trennungsfläche der Lösungen zurücklegt, so finden wir in 10 Minuten etwa 2 cm; dem entspricht eine Geschwindigkeit von $3 . 10^{-3}$ cm/sec. Diese sinkt auf die Hälfte, wenn wir die Spannung und damit die Feldstärke halb so groß machen.

Die Ionen verschiedener Stoffe wandern im allgemeinen mit verschiedener Geschwindigkeit. Das läßt sich durch den folgenden Versuch zeigen (Abbildung 218): In ein U-Rohr kommt eine fünfprozentige warme Agar-Agar-Lösung mit einem Zusatz von etwas Kaliumchlorid (KCl) und Phenolphthalein. Ehe die Lösung erstarrt, wird sie im Anodenschenkel durch Zusatz einiger Tropfen Kalilauge und Umrühren mit einem Glasstab rot gefärbt; im Kathodenschenkel bekommt die Lösung auf dieselbe Art einen Zusatz von ganz wenig Salzsäure. Nach dem Erkalten bringen wir auf die Gallerte zur Sichtbarmachung ihrer Oberfläche bei 2 und 7 eine Spur Holzkohlenpulver. Darüber kommt im Anodenschenkel Kupferchlorid($CuCl_2$)lösung mit einem Zusatz von Salzsäure, im Kathodenschenkel verdünnte Kalilauge (KOH). Dann lassen wir unter Vorschaltung einer Glühlampe von etwa 0,4 Ampere einen Strom hindurchfließen. Durch die auf der Anodenseite eindringenden H-Ionen wird die rote Gallerte zunächst entfärbt, dann aber durch die wesentlich langsamer wandernden Kupferionen gebläut. Auf der Kathodenseite färben die eindringenden OH-Ionen die Phenolphthaleinlösung rot. Wir beobachten, daß die Wasserstoffionen etwa doppelt so schnell wie die OH-Ionen und fünfmal so schnell wie die Kupferionen wandern.

§ 56. Leitung in anderen Flüssigkeiten.

Dissoziation und Ionenleitung lassen sich auch in anderen Flüssigkeiten außer Wasser, so in Alkohol und Äther beobachten, allerdings wegen der niedrigeren Elektrizitätskonstante in geringerem Maße. Auch geschmolzene Salze und Basen dissozieren und werden dadurch leitend. Zum Versuch eignen sich Bleichlorid $PbCl_2$ und Natriumhydroxyd NaOH. Reine Elektronenleitung zeigen flüssige Metalle.

Während Glas in kaltem Zustand ein guter Isolator ist, wird es zum Leiter, wenn es erhitzt wird. Schon in zähflüssigem Zustand beginnt es zu leiten. Zwei dicke Eisennägel schrauben wir in zwei Holtzsche Fußklemmen (Abbildung 219), nähern sie einander auf etwa 1,5 cm und überbrücken den Zwischenraum durch ein darübergestülptes Glasröhrchen. Wir schalten: Steckbuchse, Leiter von 50 Ohm Widerstand, Amperemeter bis 5 Ampere, Fußklemmen, Steckdose. Die Spannung zwischen den beiden Nägeln beträgt zunächst 220 Volt. Dann erhitzen wir das Glasröhrchen durch einen Bunsenbrenner oder eine Spirituslampe. Schon ehe es rotglüht, beobachten wir am Amperemeter einen Strom. Die Stromstärke wächst, auch wenn wir die Flamme entfernen; die Temperatur steigt infolge der Stromwärme weiter, mit ihr der Leitwert des Glasstückes; schließlich wird das Glas weißglühend und tropft ab. Die Untersuchung hat ergeben, daß es sich bei diesem Versuch um Ionenleitung handelt.

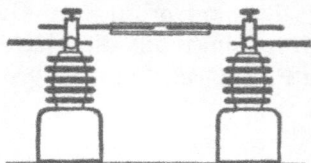

Versuchsanordnung zur Ionenleitung in Glas.

—219—

§ 57. Geschwindigkeit der Elektronen im Metall.

Während wir die Bewegung der Ionen im Wasser beobachten und die Geschwindigkeit messen konnten, sind wir bei der Berechnung der Elektronengeschwindigkeit im metallischen Leiter auf eine grobe Schätzung angewiesen. Wir lassen durch einen Kupferdraht vom Querschnitt q einen Strom der Stärke J fließen. Die Elektronengeschwindigkeit sei v cm/sec. Dann sei nach t Sekunden die Front einer „Elektronenkolonne", die zur Zeit Null den Querschnitt AB passierte, bis CD gelangt (Abbildung 220), und es ist die Strecke

$$AD = v \cdot t \text{ cm}.$$

Die zwischen AB und CD befindlichen Elektronen sind in der Zeit t durch den Querschnitt AB gewandert. Wir stellen die Frage nach der Anzahl der zwischen AB und CD in Bewegung befindlichen Elektronen. Dabei sind wir auf eine Annahme angewiesen; diese soll lauten: Auf jedes Kupferatom zwischen AB und CD kommt gerade ein bewegtes Elektron.

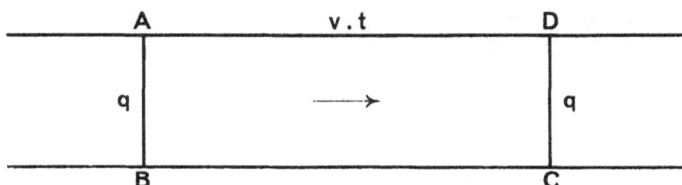

Berechnung der Elektronengeschwindigkeit.

— 220 —

Nun beträgt das Volumen des Drahtstücks

$$q \cdot v \cdot t \text{ cm}^3.$$

Multiplikation mit dem Artgewicht des Kupfers 8,9 g/cm³ ergibt

$$8,9 \cdot q \cdot v \cdot t \text{ Gramm}.$$

Da das Atomgewicht des Kupfers 63,57 ist, sind das

$$\frac{8,9}{63,57} \cdot q \cdot v \cdot t = 14 \cdot 10^{-2} q \cdot v \cdot t \text{ Grammatome}.$$

Diese enthalten nach § 54

$$14 \cdot 10^{-2} \cdot q \cdot v \cdot t \cdot 6 \cdot 10^{23} = 6 \cdot 14 \cdot 10^{21} \cdot q \cdot v \cdot t \text{ Atome},$$

und gerade soviel Elektronen wollten wir unserer Berechnung zugrunde legen. Sie stellen eine Elektrizitätsmenge dar von

$$Q = 6 \cdot 14 \cdot 10^{21} \cdot q \cdot v \cdot t \cdot 1,6 \cdot 10^{-19}$$
$$= 9,6 \cdot 14 \cdot 10^2 \cdot q \cdot v \cdot t = 134 \cdot 10^2 \cdot q \cdot v \cdot t \text{ Amperesekunden}.$$

Wir berechnen die in der Sekunde durch den Querschnitt AB fließende Elektrizitätsmenge und finden die Stromstärke

$$J = \frac{Q}{t} = 134 \cdot 10^2 \cdot q \cdot v \text{ Ampere}.$$

Division durch q ergibt die Stromdichte (vergl. Bd. I, § 27)

$$\mathfrak{S} = \frac{J}{q} = 134 \cdot 10^2 \cdot v \text{ Ampere/cm}^2,$$

woraus folgt:

$$v = \frac{S \cdot 10^{-2}}{134} \text{ cm/sec.}$$

Die größte in der Technik gebräuchliche Stromdichte in Kupfer
leitungen beträgt etwa 600 Ampere/cm^2; bei größerer Stromdichte
wird die Erwärmung des Leiters zu groß. Dieser Stromdichte
entspricht eine Geschwindigkeit von

0,045 cm/sec.

Das Ende des 0,86 cm langen Sekundenzeigers einer Taschen-
uhr bewegt sich mit einer Geschwindigkeit von 0,09 cm/sec. Halb
so schnell kriechen die Elektronen durch einen Kupferdraht, wenn
diesem die größte technisch erlaubte Stromstärke zugemutet wird.

Wir weisen in diesem Zusammenhang noch einmal zurück
auf die Abbildung 139 in Band I. Da sich die Elektronen im Leiter
nicht zusammendrücken lassen, müssen sie dort in dem engen
Teil schneller fließen als in dem weiten. Das stimmt auch mit
unserer obigen Formel, wonach die Elektronengeschwindigkeit
gleich dem Produkt aus der Stromdichte und einer Konstanten ist.
Bei der oben errechneten Geschwindigkeit legen die Elektronen
in der Stunde einen Weg zurück von

0,045 . 3600 = 162 cm.

Die bei Gleichstrom gerade durch unsere Glühbirnen fließenden
Elektronen sind also Tage vorher aus der Pumpe auf dem Elek-
trizitätswerk geflossen. Bei Wechselstrom dagegen wackeln die
Elektronen um Bruchteile eines Millimeters hin und her.

VIII. Elektrizitätspumpen.

§ 58. Mechanische Elektrizitätspumpen.

Im alltäglichen Leben verstehen wir unter einer Pumpe eine Maschine, mit der wir vorhandene Flüssigkeits- oder Gasmengen unter Druck setzen; wir führen als Beispiele die großen Pumpen an, die die Hochbehälter unserer Wasserleitungen füllen, und die handliche Fahrradluftpumpe. Jene leisten Arbeit gegen den Schweredruck der gehobenen Flüssigkeit, diese leistet Arbeit gegen den Druck der eingeschlossenen Luft. Wasser- und Luftmengen bekommen dadurch Arbeitsfähigkeit oder Energie.

Unter diesem Gesichtspunkt betrachten wir die Apparate, mit denen wir eine Elektrizitätsmenge auf Spannung bringen. Wir erinnern uns des Versuchs mit dem Paraffinklotz der Abbildung 127. Dort leisten wir Arbeit gegen die Kräfte des elektrischen Feldes, die Paraffinklotz und Wasser als Kondensatorhälften einander zu nähern suchen. Die beim Auseinanderziehen der Kondensatorhälften geleistete Arbeit äußert sich als Spannung der auf dem Paraffinklotz sitzenden Elektrizitätsmenge.

Bei der Pumpe der Abbildung 8 werden durch das Reibzeug Elektronen abgewischt; dadurch bildet sich ein Feld, dessen Feldlinien vom Reibzeug zur Gabel laufen; in diesem Feld werden die unter(+)ladenen Teile der Glasscheibe gegen die auf sie im Felde wirkende elektrische Kraft bewegt; die dabei geleistete Arbeit erscheint wieder als Energie der auf der Kugel K unter Spannung befindlichen Elektrizitätsmenge oder, wir können dafür auch sagen, als Energie des elektrischen Feldes zwischen K und Erde.

Hierhin gehören auch Hartgummistab und Katzenfell, Glasstab und Schaumgummilappen, Kamm und Haar, alles Geräte, bei denen molekulare Feldlinien unter Energieumformung in die

Länge gezogen werden, wobei der Spannungsunterschied zwischen den beiden Hälften des ursprünglich molekularen Kondensators zu einem hohen Wert anwächst.

§ 59. Die Wasserinfluenzmaschine.

Bei dem Versuch der Abbildung 94 erhielten die Wassertropfen ihre Ladung aus der städtischen Leitung; diese lieferte damit einen Teil der Energie, die nachher als elektrische Energie das Kondensators Faradaybecher-Erde auftritt. Solange die Über(—)-spannung auf dem Becher kleiner ist als 220 Volt, werden die über(—)ladenen Tropfen durch ihr Gewicht und durch das elektrische Feld zwischen dem Gefäß oben und dem Becher beschleunigt, denn solange laufen die Feldlinien von oben nach unten. Steigt jedoch die Becherspannung über 220 Volt, so wird beim Fallen der Tropfen Arbeit gegen das Feld geleistet und dadurch die Spannung noch weiter gesteigert. Was also zuletzt die Elektronen von oben nach unten bewegt, ist in der Hauptsache das Gewicht der Tropfen.

Wir geben jenem Versuch eine etwas andere Form. Das Wasser lassen wir unmittelbar aus der Wasserleitung fließen.

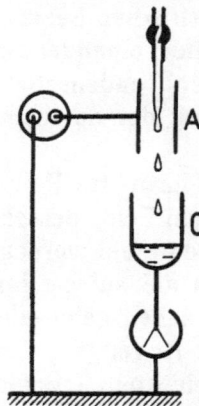

Das Wasser kommt unmittelbar aus der Wasserleitung.
— 221 —

Dafür verbinden wir den Blechzylinder statt mit der Erde mit der + 220-Volt-Leitung (Abbildung 221). Wir beobachten, daß genau wie früher das Elektroskop eine Unter(—)ladung von mehreren tausend Volt bekommt. Mit steigender Spannung wächst die Feldstärke zwischen Becher und Zylinder; die über(—)-ladenen Tropfen werden durch das Gewicht beschleunigt, durch die elektrische Kraft dagegen verzögert. Schließlich müßten die Tropfen schweben bleiben wie die Seifenblase oder der Ballon im Versuch der Abbildung 144. Doch wird die Spannung auf dem Becher nicht so hoch, daß die elektrische Kraft gleich dem Tropfengewicht würde. Dieses Gewicht bewegt hier die Ladungsträger gegen die elektrische Kraft und erzeugt dadurch einen Spannungsunterschied. Verbinden wir C mit der Erde, so erhalten

wir einen elektrischen Strom. Es wäre daher nichts dagegen ein-
zuwenden, wenn jemand bei diesem Versuch das Gewicht der Tropfen
als „elektromotorische Kraft" bezeichnen wollte. Die Arbeit, die hier
in elektrischer Form erscheint, stammt aus dem Energievorrat
des Hochbehälters der Wasserleitung, abgesehen von der äußerst
geringen Energie, die anfangs zur Erzeugung der Spannung
zwischen A und dem Wasserstrahl diente.

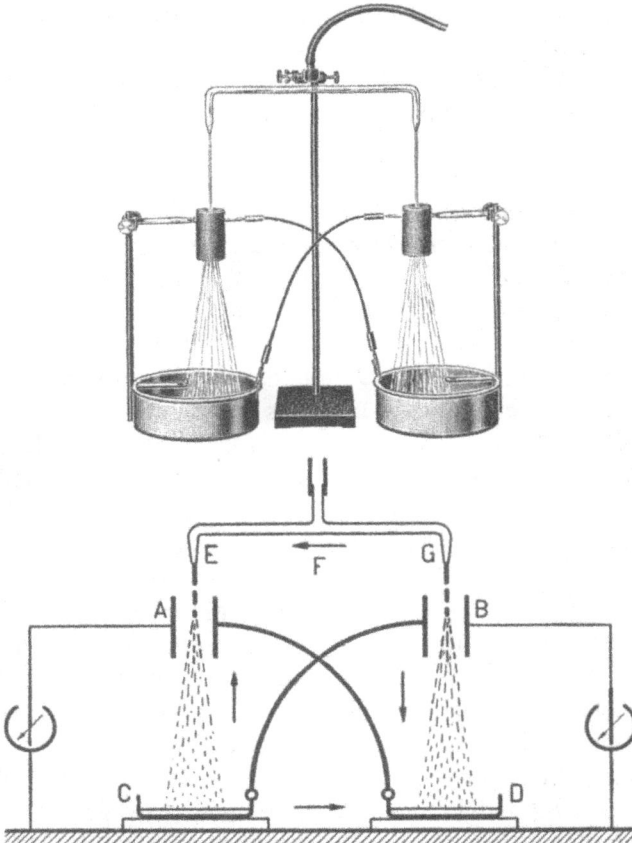

Wasserinfluenzmaschine, aufgebaut und mechanisch.

−222−

Eine Umformung der Versuchsanordnung macht auch jene
erste Energiezufuhr unnötig. In Abbildung 222 ist die „Wasser-

influenzmaschine" dargestellt. Wir erkennen wieder den Zylinder A, den Faradaybecher C und daneben noch einmal ganz symmetrisch die gleiche Apparatur, nur fehlt der Anschluß an die städtische Leitung. Dafür ist jeder Zylinder mit dem Becher der andern Hälfte verbunden. Lassen wir jetzt die Wassertropfen in die Becher fallen, so beobachten wir an den Elektroskopen, wie die Spannung auf AD und auf BC auf einige Tausend Volt steigt. Gleichzeitig sprühen die Tropfen in den elektrischen Feldern zwischen A und C und zwischen B und D auseinander. Die Spannung der Systeme AC und BD ist dabei entgegengesetzt.

Die Erscheinung läßt sich nur so erklären, daß in dem Elektronengleichgewicht, das anfänglich in der Apparatur besteht, irgendwo eine ganz geringe Störung auftritt; wir wollen annehmen AD bekomme eine ganz kleine Unter(+)spannung. Dann haben wir die Voraussetzungen für den Versuch der Abbildung 221; die herabfallenden Tropfen bringen C und damit auch B auf Über-(—)spannung. Dadurch wird der Kondensator B-Wasserstrahl geladen, die Tropfen lösen sich unter(+)laden ab und erhöhen die Unter(+)spannung auf D und damit auf A; dann aber wird auch die Ladung eines jeden Tropfens im Kondensator links größer usw. Jene Störung, die wir oben voraussetzen, ist fast immer vorhanden. Die Maschine „erregt" sich meistens selbsttätig. (Sollte dies ausnahmsweise einmal nicht gleich geschehen, so hilft vorübergehendes Annähern eines geriebenen Glasstabes an A, um den gewünschten Anfangszustand herbeizuführen.)

Zwischen A und C laufen die Feldlinien von oben nach unten, zwischen D und B von unten nach oben. Auf beiden Seiten wird durch das Gewicht der Tropfen Arbeit gegen die elektrischen Kräfte geleistet, und dadurch entsteht ein Spannungsunterschied zwischen C und D. Bringen wir zwischen C und D eine kleine Funkenstrecke an, so sehen wir kleine Fünkchen übergehen. Es entsteht also auch ein elektrischer Strom. Tatsächlich haben wir einen vollständig geschlossenen Stromkreis. Von F nach E fließt ein Ionenstrom durch das Wasser; dann folgt ein Strom mit den unterladenen Wassertropfen als Ladungsträger; die Fünkchen zwischen C und D bedeuten einen Ionenstrom in Luft; die Lücke zwischen D und B wird überbrückt durch den

Strom von unter(+)ladenen Ladungsträgern, die sich gegen die Stromrichtung des Kreises bewegen; sie entziehen D soviel Elektronen, wie sie beim Ablösen vom Strahl zurückgelassen haben. Diese an den Strahl abgegebenen Elektronen fließen von G nach F.

Das Einschalten der Funkenstrecke zwischen C und D hat einen Nachteil; jedesmal, wenn ein Funken übergeht, sinkt die Spannung auf A und B, und es dauert immer eine Zeit lang, bis wieder die alte Spannung erreicht ist. Das läßt sich vermeiden, wenn wir 2 Probekugeln U und V nach Abbildung 223 nahe an die fallenden Wassertropfen heranbringen. Sobald das Sprühen beginnt, treffen Wassertropfen auf U und V. Schalten wir zwischen U und V ein Neonröhrchen und eine Funkenstrecke, so leuchtet das Röhrchen häufiger auf, ohne daß durch den Strom in diesem „Nebenschluß" die Spannung auf A und B wesentlich verändert wird.

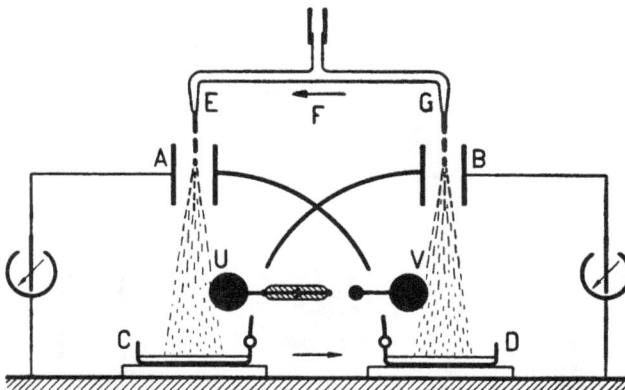

Wasserinfluenzmaschine mit „Nebenschluß" U V.

—223—

Was in diesem Kreis die Elektronen in Bewegung setzt, oder die „elektromotorische Kraft", wenn wir das Wort in diesem Sinn gebrauchen dürfen, ist in dem beschriebenen Versuch das Gewicht der Wassertropfen. Wir haben eine vom Wasser getriebene Elektrizitätspumpe, die die vom Wasserwerk gelieferte mechanische Energie in elektrische Energie umformt.

§ 60. Influenzmaschine mit einer rotierenden Scheibe.

Das Schema der Wasserinfluenzmaschine (Abbildung 223) finden wir bei der in Abbildung 224 dargestellten Maschine wieder. Die Tropfen sind ersetzt durch Bleche T_1 und T_2, diese sitzen an den Enden eines um F drehbaren isolierenden Hebels. Dagegen ist die Metallstange EG fest und macht die Drehung nicht mit. Ihre Enden sind als Metallpinsel ausgebildet und so angeordnet, daß T_1 und T_2 gerade dann ihre leitende Verbindung verlieren, wenn sie voll unter der Influenzwirkung des Feldes zwischen A und B stehen. Stark verkümmert sind die Faradaybecher C und D. Zur Erklärung setzen wir wieder eine kleine Unter(+)spannung auf A voraus; dann wird T_1 überladen, T_2 bekommt Unterladung; T_1 gibt Elektronen bei C ab, T_2 nimmt Elektronen bei D auf, ganz wie bei der Wasserinfluenzmaschine. Die „Verbrauchsleitung" liegt wieder im Nebenschluß; bei U und V befinden sich „Spitzenkämme", zwischen ihnen und dem vorbeieilenden T geht ein Ionenstrom über.

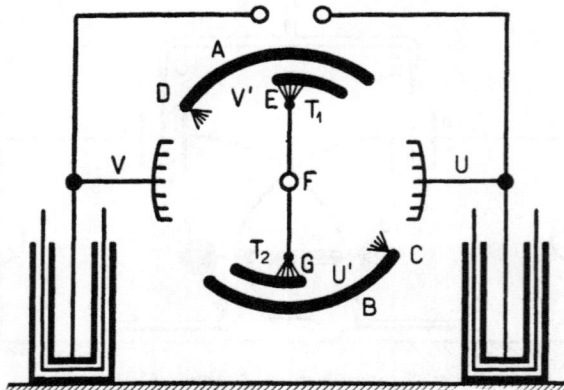

Influenzmaschine mit einer festen und einer rotierenden Scheibe. Der isolierende
Träger von T_1 und T_2 ist nicht gezeichnet. Drehung gegen den Uhrzeiger.
–224–

In der technischen Ausführung sind A und B Belege einer festen Scheibe aus Glas oder einem anderen Isolator. Vor dieser dreht sich eine zweite Scheibe, auf der eine größere Anzahl von kreisrunden Staniolblättern T aufgeklebt sind. Bei manchen Ausführungen fehlen die T ganz, dann sitzen die bewegten Ladungen unmittelbar auf der Scheibe selbst (Abbildung 225). Die Kämme U und V sitzen meistens an den Stellen U' und V' (Abbildung 224).

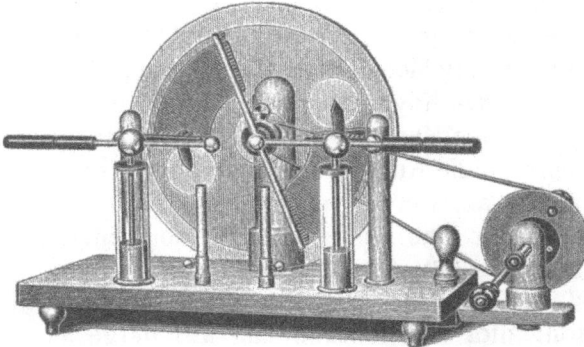

Influenzmaschine mit einer festen und einer rotierenden Scheibe.
— 225 —

§ 61.　Influenzmaschine mit zwei rotierenden Scheiben.

In dem Versuch der Abbildung 226 stehe K fest. Es sei über(—)laden; in seinem Feld befinde sich eine Kugel bei A, etwas weiter entfernt sei eine Kugel bei B und beide seien durch einen Leiter verbunden (vergl. Abbildung 10). Der Leiter stehe fest und berühre mit den Metallpinseln an seinen Enden die Kugeln A und B. Auf dem Kreis mit dem Durchmesser AB sitzt noch eine Anzahl weiterer Kugeln. Lassen wir diese jetzt auf der Kreisbahn gegen den Uhrzeiger wandern, so gibt jede bei der Berührung mit dem Leiter Elektronen an die Kugel ab, die gerade das andere Ende des Leiters berührt, und wandert unter(+)laden weiter, während die diametrale Kugel über(—)laden ihren Weg fortsetzt, bis sie wieder an den Leiter kommt und „umgeladen” wird. Während sich dabei die Ladung von K überhaupt nicht ändert, fließt ein elektrischer Strom zwischen den beiden Enden des Leiters.

In Abbildung 227 soll sich jetzt K mit derselben Winkelgeschwindigkeit in entgegengesetztem Sinn wie A bewegen. Wir nehmen an, die influenzierende Wirkung von K reiche nur soweit, wie der gestrichelte Kreis andeutet. Dann stehen nur die Kugeln bei A und die beiden folgenden unter der Wirkung von K, während sie mit dem Leiter Berührung haben; sie bekommen eine Unter(+)ladung,

11*

während die zu ihnen diametralen über(—)laden werden. Es findet hier also eine Begegnung statt zwischen einer geladenen isolierten Kugel und drei abgeleiteten Kugeln. Diese gehen mit einer Ladung weiter, die entgegengesetzt der von K ist (Abbildung 10). Auch bei C und D befinden sich Metallpinsel, die miteinander verbunden sind. Die bei A geladenen Kugeln kommen nach D und begegnen, selbst isoliert, abgeleiteten Kugeln des äußeren Kranzes. Bei dieser Begegnung nehmen die Kugeln des äußeren Kreises die entgegengesetzte Ladung an, werden also über(—)laden, wandern weiter und haben wieder eine Begegnung mit abgeleiteten Kugeln des inneren Kranzes bei A. Das Entsprechende geschieht gegenüber; die Anzahl der geladenen Kugeln wächst immer mehr, und wir erhalten schließlich die in Abbildung 228 dargestellte Ladungsverteilung; auf dem inneren Kranz sind die Kugeln von A bis vor B unter(+)laden, die von B bis vor A über(—)laden; auf dem äußeren Kreis sind die Kugeln von D bis vor C über(—)laden, die von C bis vor D unter(+)laden. Dabei wächst die Ladung der einzelnen Kugeln mehr und mehr. Denn die abgeleitete Kugel bei C steht jetzt unter dem Einfluß dreier, sich begegnender Kugeln; sie gibt deshalb wesentlich mehr Elektronen ab, als wenn sie nur einer geladenen Kugel begegnet. Sie geht weiter bis B und dort wird die Wirkung wegen der größeren Ladung stärker; die begegnenden Kugeln werden auch stärker geladen, und so steigt die Spannung mehr und mehr. Jetzt brauchen wir nur noch bei E und F Schleifkontakte oder Spitzenkämme anzubringen, und ein Elektronenstrom fließt über die Funkenstrecke von F nach E.

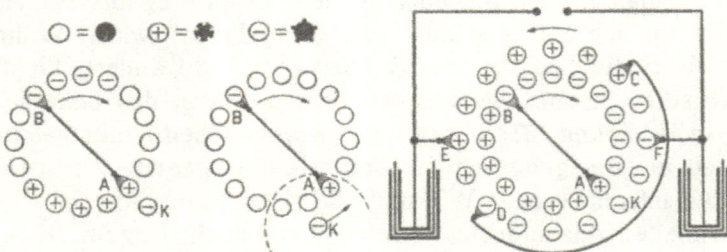

Schema der Influenzmaschine mit 2 entgegengesetzt rotierenden Scheiben.

—226—   —227—   —228—

Bei der technischen Ausführung (Abbildung 6) treten an Stelle der Kugeln auf zwei isolierende Scheiben aufgeklebte Staniolsektoren. Der eine Leiter AB, der auf der vorderen Platte schleift, ist in der Abbildung sichtbar, der andere CD befindet sich auf der Rückseite. Voraussetzung für das Arbeiten der Maschine ist wie bei allen Influenzmaschinen, daß einmal auf dem äußeren oder inneren Kreis eine Ladung auftritt, die die „elektrische Lawine" ins Rollen bringt.

Diese Influenzmaschinen arbeiten sehr zuverlässig; feuchtes Wetter schadet garnichts. Nur bei Gewitterschwüle, wenn die Luft sehr stark ionisiert ist, kommt es vor, daß sie versagen.

§ 62. Galvanische Elemente.

Die mechanischen Elektrizitätspumpen, die wir in den letzten Paragraphen betrachtet haben, hatten etwas gemeinsam: Ladungsträger wurden gegen die auf sie im Felde wirkenden elektrischen Kräfte bewegt. In ähnlicher Weise erklären wir auch die Wirkung der galvanischen Elemente, die wir in Bd. I, § 10, als chemische Elektrizitätspumpen bezeichnet haben.

In den Zinkbecher der Abbildung 229 bringen wir verdünnte Schwefelsäure (H_2SO_4). Diese wirkt auf das Zink ein. Chemische Kräfte bewirken, daß aus der Becherwand Zinkatome in Lösung gehen. Diese Kräfte bezeichnen wir üblicherweise als „Lösungsdruck". Jedes Zinkatom läßt dabei auf der Becherwand 2 Elektronen zurück; es geht also mit einer Unterladung von 2 Elementarquanten in die Flüssigkeit. Die Flüssigkeit enthält vor dem Eingießen H-Ionen und SO_4-Ionen, von jenen doppelt so viel wie von diesen, sodaß die von 2 H-Ionen ausgehenden Feldlinien auf einem SO_4-Ion endigen, daß also die Flüssigkeit nach außen spannungslos erscheint. Im Becher dringen unter(+)ladene Zinkionen in die Flüssigkeit ein; diese bekommt dadurch Unter(+)-spannung und bildet zusammen mit dem geerdeten Becher einen Kondensator. Wir erinnern an den Versuch der Abbildung 127, wo es allerdings nur Elektronen waren, die vom Wasser in das Paraffin übergingen. Hier wie dort bildet sich ein Kondensatorfeld mit sehr geringem Plattenabstand aus, dessen Feldlinien vom Becher in die Flüssigkeit laufen. Je mehr Zinkionen sich lösen

und durch das Feld wandern, um so höher steigt der Spannungsunterschied zwischen den Kondensatorplatten, mit ihm die elektrische Kraft, die dem Austritt der Zinkunter(+)ionen entgegenwirkt.
Dies dauert, bis die elektrische Kraft die Wirkung des Lösungs-
drucks aufhebt und Gleichgewicht eintritt. Wir bekommen so
einen Feldlinienverlauf wie im Innern einer Leidener Flasche (Abbildung 39). Aber auch auf der freien Oberfläche der Flüssigkeit müssen Feldlinien endigen, dort finden sich H-Unter(+)ionen;
für je 2 Unter(+)ionen, die dort sitzen, wird ein SO_4-Ion frei;
dafür kann wieder ein Zinkion in Lösung gehen. In Abbildung 229
lassen wir die an den beiden gezeichneten H-Ionen endigenden Feldlinien von einem mit dem Zink verbundenen K o h l e s t a b ausgehen.

Je mehr wir jetzt den Kohlestab nähern, um so mehr steigt
die Kapazität des Kondensators Kohlestab-Flüssigkeit; dabei sinkt
der Spannungsunterschied auch zwischen
Becher und Flüssigkeit; der Lösungsdruck
überwindet die geringer gewordene elektrische Kraft, und neue Zinkionen durch-
wandern das Feld. Tauchen wir jetzt gar
den Kohlestab ein, so vollzieht sich stetig,
was wir als Einzelvorgänge so schildern:
Wasserstoffionen nehmen Elektronen aus
dem Kohlestab auf; dadurch wird der
Spannungsunterschied zwischen Zink und
Flüssigkeit geringer; jetzt wandern wieder
Zinkunterionen durch das Feld; damit wird
der Spannungszustand wieder hergestellt
usw. Tatsächlich beobachten wir, daß sich
der Kohlestab mit Wasserstoffbläschen
bedeckt. Dabei fließen fortwährend'Elektronen vom Becher ab und in den Kohlestab hinein. Die chemischen Kräfte zwischen
verdünnter Schwefelsäure und Zink spielen
hier dieselbe Rolle wie das Gewicht der
Tropfen bei der Wasserinfluenzmaschine.

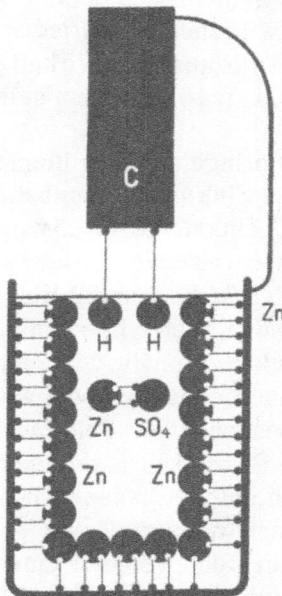

Zink-Schwefelsäure-Kohle-Element.

—229—

Gäbe es zwischen dem eingetauchten Stab und der Flüssigkeit den gleichen Lösungsdruck, bestünde also der Stab auch

aus Zink, so müßte sich zwischen ihm und der Flüssigkeit auch ein Feld ausbilden, gegen das die Unter(+)ionen nicht ankämen. So aber besteht er aus einem Stoff, der nicht in Lösung geht. Es macht auch nicht viel aus, wenn der Stab aus Kupfer besteht, obwohl auch zwischen Kupfer und verdünnter Schwefelsäure ein Lösungsdruck vorhanden ist. Dieser ist wesentlich geringer als der zwischen Zink und Flüssigkeit, darum genügt die auf der Zinkseite erzeugte Spannung, die Wasserstoffionen zum Kupfer zu treiben. Die Form der Elektroden macht bei diesen Betrachtungen natürlich gar nichts aus.

§ 63. Polarisation.

Der in Abbildung 230 dargestellte Stromkreis enthält als Pumpe einen Akkumulator, dann einen Widerstand von 1000 Ohm, einen Wechselschalter, das Galvanometer der Abbildung 53 ohne Parallelwiderstand, schließlich das elektrolytische Gefäß der Abbildung 205 ohne die Auffangzylinder. In das Gefäß kommt zunächst Wasser. Diesem wird unter Umrühren soviel Schwefelsäure zugefügt, bis die Stromstärke etwa 1 Milliampere beträgt. Nach kurzer Zeit legen wir den Schalter um und beobachten, daß das Galvanometer jetzt einen in der umgekehrten Richtung fließenden Strom anzeigt. Die Stromstärke ist zunächst groß, sodaß der Zeiger anschlägt, geht aber bald zurück. Doch fließt der Strom etliche Minuten lang mit einer Stärke von einigen 10^{-4} Ampere.

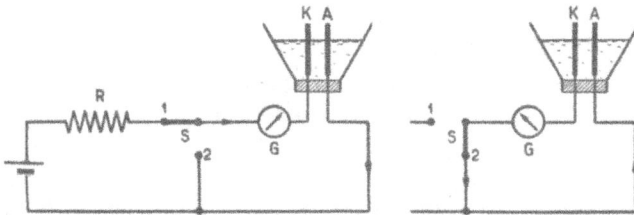

Laden und Entladen.
— 230 —

Wir erklären: Die eine Platinplatte hat sich beim Durchgang des von dem Akkumulator gepumpten Stromes mit einer Wasserstoff-, die andere mit einer Sauerstoffhaut überzogen. An beiden Platten entsteht dadurch ein Lösungsdruck, der H- und O-Ionen in die

Flüssigkeit zurückzutreiben sucht. Die Erscheinung heißt Polarisation. Hört die Wirkung der Pumpe auf, dann bleibt uns ein regelrechtes galvanisches Element, wie wir es in § 62 behandelt haben, bei dem sich unter der Wirkung des Lösungsdruckes an den Elektroden die dort beschriebenen Vorgänge abspielen und zunächst Spannung und dann einen Strom hervorrufen. Mit dem Verschwinden der Gashäute hört der Strom zu fließen auf.

Die Schaltung der Abbildung 73 ist ganz dieselbe wie die der Abbildung 230. Dort waren die Feldlinien von meßbarer Länge — der Abstand der Kondensatorhälften war die Dicke des Paraffinpapiers —, hier sind es molekulare Felder, die über das Galvanometer zusammenbrechen.

§ 64. Der Akkumulator.

Wenn wir ein galvanisches Element aus Zink, Kohle und verdünnter Schwefelsäure herstellen, und das Zink mit der Kohle verbinden, so verwandelt sich die in dem System Zink-Schwefelsäure vorhandene chemische Energie in elektrische Energie; es entsteht ein elektrischer Strom, dieser erzeugt Wärme und als Wärme geht uns die Energie verloren, die wir ursprünglich in chemischer Form besaßen.

Das System Platin-Schwefelsäure im Versuch der Abbildung 230 enthält keine chemische Energie. Pumpen wir aber Elektronen durch den Apparat der Abbildung 230, so treten die beschriebenen chemischen Veränderungen auf; dadurch wird in dem Apparat chemische Energie gesammelt, die aus der Pumpe stammt; beim Umlegen des Schalters verwandelt sich die chemische Energie wieder in Wärme. Die dort aufgespeicherte Energiemenge ist sehr gering. Doch gibt es Anordnungen, mittels derer sich größere Energiemengen ansammeln lassen. Die bekannteste ist der Bleiakkumulator.

Bringen wir zwei Bleiplatten in verdünnte Schwefelsäure, so bedecken sie sich zunächst mit einer Schicht von Bleisulfat ($PbSO_4$). Leiten wir jetzt Elektrizität hindurch, so wandern nach der Kathode H-unter(+)ionen. Diese wirken auf das $PbSO_4$ ein nach der Formel:

$$PbSO_4 + 2H \longrightarrow Pb + H_2SO_4.$$

Die nach der Anode wandernden Sulfatüber(—)ionen reagieren mit dem Bleisulfat und dem Wasser nach der Formel:

$$PbSO_4 + SO_4 + 2H_2O \longrightarrow PbO_2 + 2H_2SO_4.$$

Bei K entsteht also reines Blei und Schwefelsäure, bei A Bleisuperoxyd (PbO_2) und Schwefelsäure. Damit ist die Zusammenstellung zum galvanischen Element geworden, der „Akkumulator ist geladen". Beim Laden wird also die zur Bildung des Bleisulfats verwandte Schwefelsäure wiedergewonnen, das spezifische Gewicht der Flüssigkeit wächst.

Wenn wir jetzt K und A verbinden, so treibt der Lösungsdruck fortwährend Pb-Unter($+$)ionen aus dem Blei heraus. Diese bilden aber sofort mit den SO_4-Ionen der Lösung unlösliches Bleisulfat, das sich auf K niederschlägt. So entsteht in der Lösung ein Überschuß von H-Ionen.

$$Pb + H_2SO_4 \longrightarrow PbSO_4 + 2H.$$

Dieser Überschuß ist geradesogroß, wie der an SO_4-Ionen, der sich bei den an A einsetzenden Reaktionen bildet. Dort entsteht aus PbO_2 und H_2SO_4 wieder $PbSO_4$.

$$PbO_2 + 2H_2SO_4 \longrightarrow PbSO_4 + 2H_2O + SO_4.$$

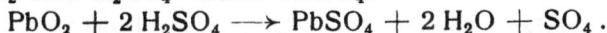

Die Gleichungen lassen erkennen, daß der Gehalt an H_2SO_4 verringert wird; damit wird die Flüssigkeit spezifisch leichter.

Beim Nickeleisenakkumulator besteht die Kathode aus Eisen(2)-oxyd FeO, die andere aus Nickel(2)oxyd NiO. Als Elektrolyt dient eine 20- bis 25-prozentige Lösung von Kalilauge KOH.

Beim Laden entsteht an der Kathode Eisen nach der Formel:

$$2FeO \longrightarrow 2Fe + O$$

an der Anode Nickel(3)oxyd nach der Formel:

$$2NiO + O \longrightarrow Ni_2O_3.$$

Beim Entladen bilden sich wieder Eisen(2)oxyd und Nickel(2)oxyd. Der Akkumulator speichert chemische Energie, keine Elektrizität; beim Laden und Entladen fließen auf der einen Seite geradesoviel Elektronen hinein, wie auf der anderen Seite herausfließen.

§ 65. Inkonstante und konstante Elemente.

Das Wasserstoff-Sauerstoff-Element der Abbildung 230 liefert nur kurze Zeit einen elektrischen Strom. Mit dem Verschwinden der Gasschichten auf den Elektroden sinkt die Spannung und mit ihr die Stromstärke in kurzer Zeit auf Null. Größere Energiemengen lassen sich aufspeichern, wenn wir Kohleelektroden statt

der Platinbleche benutzen, besonders dann, wenn wir die Oberfläche aufrauhen. Dann können sich an der größeren Fläche
größere Gasmengen absetzen.

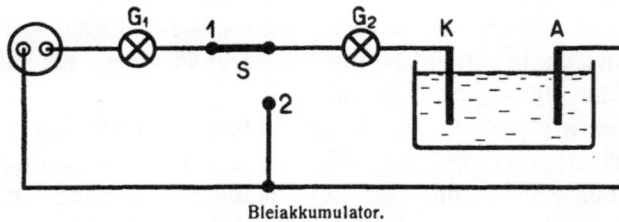

Bleiakkumulator.
— 231 —

Der Bleiakkumulator, dessen Wirkungsweise wir im vorhergehenden Paragraphen besprochen haben, kann wesentlich größere
Energiemengen aufnehmen. Die Schaltung der Abbildung 230
formen wir um nach Abbildung 231. G_1 ist eine Glühlampe mit
einem Widerstand von etwa 700 Ohm, dann folgen der Wechselschalter, ein kleines Zweivoltglühbirnchen und eine Zelle, bestehend
aus zwei Bleiplatten in verdünnter Schwefelsäure. Wir laden den
Akkumulator etwa 10 Minuten lang und legen dann den Wechselschalter um. Das kleine Glühbirnchen leuchtet jetzt etwa 2 Minuten
unverändert. Dabei beträgt die Spannung 2 Volt. Daraus können
wir die im Akkumulator aufgespeicherte Energie angenähert berechnen. Leuchtet das Lämpchen 2 Minuten lang bei einer Spannung
von 2 Volt und einer Stromstärke von 0,25 Ampere, so beträgt
die elektrische Arbeit

$$A = 2 . 0,25 . 120 \text{ Volt-Ampere-Sekunden}$$
$$= 60 \quad \text{Wattsekunden.}$$

Dabei betrug die Elektrizitätsmenge, die der Akkumulator durch
das Lämpchen pumpte,

$$0,25 . 120 = 30 \text{ Coulomb.}$$

Längeres Laden setzt diese Zahl nicht merkbar herauf. Es ist
einer der vielen im täglichen Gebrauch eingerissenen Fehler, wenn
diese Zahl als Kapazität bezeichnet wird. Sie bedeutet lediglich
eine Elektrizitätsmenge und wird daher nach Amperesekunden
oder Coulomb gemessen, während eine Kapazität in Ampere-
sekunden/Volt oder Farad auszudrücken ist.

Die Elektrizitätsmenge eines Akkumulators ist um so größer, je größere Bleimengen an den chemischen Veränderungen teilnehmen. Je öfter ein Akkumulator aus einfachen Bleiplatten geladen und entladen wird, umso tiefer liegende Schichten werden zur Energiespeicherung herangezogen. In der Technik gibt man den Platten Gitterform und füllt diese mit einer Paste aus Bleiverbindungen, die dann beim Laden in Blei und Bleisuperoxyd umgewandelt werden. Ein solcher Akkumulator kann lange Zeit einen Strom von konstanter Stärke liefern. Darum wird er als konstantes Element bezeichnet.

Außer der konstanten Stromstärke hat der Akkumulator noch den großen Vorteil, daß man den inneren Widerstand sehr klein halten kann. Daher ist es möglich, mittels eines einzigen Akkumulators eine Stromstärke bis zu 1000 Ampere zu erreichen; wir brauchen ja nur auch den äußeren Widerstand (Bd. I, § 26) recht klein zu wählen.

Bei dem in § 62 behandelten Zink-Kohle-Element geht die Stromstärke bei Gebrauch sehr bald zurück. Der Grund dafür liegt in der Bildung der Gashaut auf der Kohleelektrode. Zwischen dem Wasserstoff und der Flüssigkeit entsteht ein Lösungsdruck, und die dadurch hervorgerufene Spannung wirkt der zwischen Zink und Säure entgegen. Dann aber wird durch die Gashaut auch der innere Widerstand stark erhöht, und dies ist ein weiterer Grund zum Absinken der Stromstärke. Das Zink-Kohle-Element ist darum sehr inkonstant.

Setzen wir der Schwefelsäure etwas Chromsäure (CrO_3) zu, so wird der Wasserstoff oxydiert und die Bildung einer Gashaut vermieden. Es entsteht das Chromsäureelement, das einst eine große Rolle gespielt hat, heute aber durch den Akkumulator verdrängt ist.

Auch beim Leclanché-Element wird der Wasserstoff durch den Braunstein (MnO_2), der die Kohleelektrode umgibt, oxydiert. Das geht aber so langsam, daß sich bei längerem Arbeiten des Elements doch eine Wasserstoffhaut bildet. Diese verschwindet, wenn das Element längere Zeit ruhen und sich damit erholen kann.

§ 66. Das Thermoelement als Elektrizitätspumpe.

Zur Eigenart der Pumpe gehört, daß wir ihr Energie zuführen müssen, damit sie Druck oder Spannung erzeugen kann. Die Arbeit, die ein Zink-Kohle-Schwefelsäure-Element abgibt, ist bei der Herstellung des Zinks und der Schwefelsäure geleistet worden, und diese Arbeit ist es, die wir beim Erwerb des Zinks und der Schwefelsäure in erster Linie bezahlen. Das Element hört auf zu pumpen, d. h. Elektrizität in Bewegung zu setzen, wenn das Zink oder die Schwefelsäure verbraucht sind, d. h. wenn die in dem System Zink-Schwefelsäure vorhandene chemische Energie sich unter Bildung von Zinksulfat in andere Energieform umgesetzt hat. Wollen wir ein mechanisches Beispiel heranziehen, so können wir das Element mit einem Uhrwerk vergleichen, bei dem die Feder in aufgerolltem Zustand in die Uhr eingesetzt wird; bei der aber die Einrichtung zum Wiederaufziehen der Feder fehlt. Der Akkumulator läßt sich dadurch wieder „aufziehen", daß wir Elektronen in umgekehrter Richtung durch ihn hindurchpumpen, wobei sich elektrische Energie in chemische Energie verwandelt.

Bei den rotierenden Elektrizitätspumpen führen wir durch die Hand, die die Maschine dreht, mechanische Energie zu. Wir können diese wie beim Akkumulator aufspeichern. Wir können z. B. das Grammophonuhrwerk mit der Hand unter Arbeitsleistung aufziehen und dann die in der Feder aufgespeicherte Energie zum Betrieb der Influenzmaschine benutzen.

Die wichtigsten Elektrizitätspumpen, wie sie in unsern Elektrizitätswerken laufen, werden wir im dritten Teil kennen lernen. Hier bringen wir noch zur Ergänzung eine Pumpe, bei der wir die Arbeit in Form von Wärme zuführen, um sie in elektrische Arbeit zu verwandeln.

Wir drillen zwei dünne Drähte aus verschiedenen Metallen, etwa aus Kupfer und Eisen, an einem Ende auf eine Strecke von ungefähr 1 cm möglichst fest zusammen und verbinden die freien Enden mit unserm hochempfindlichen Galvanometer nach Abbildung 3. Zunächst zeigt sich kein Ausschlag, da das System keine Energie enthält, die einen elektrischen Strom veranlassen könnte. Das wird sofort anders, wenn wir der Verbindungsstelle

Wärme durch unsere Hand zuführen; das Galvanometer zeigt einen elektrischen Strom von der Größenordnung $0,5 . 10^{-6}$ Ampere an. Noch stärker wird der Ausschlag, wenn wir etwa ein brennendes Streichholz der Verbindungsstelle nähern. Daß es sich hier nicht um chemische Vorgänge handelt, bei der die Handfeuchtigkeit als Elektrolyt dient, zeigen wir, indem wir die Verbindungsstelle in Petroleum eintauchen und dieses erwärmen. Die Verbindungsstelle umgeben wir dann mit Watte, bringen auf diese einige Tropfen Schwefeläther; diese verdunsten, entziehen dabei der Verbindungsstelle Wärme, und wir beobachten jetzt einen Strom in entgegengesetzter Richtung.

Das Instrument heißt Thermoelement. Zur Bestimmung der Größenordnung der erzeugten Spannung wurde in der oben angegebenen Versuchsanordnung die Temperatur des Petroleums von 20 Grad auf 30 Grad gesteigert. Dabei zeigte das Instrument eine Stromstärke von $400 . 8 . 10^{-9} = 3,2 . 10^{-6}$ Ampere an (vergl. Bd. I, S. 65). Dem entspricht bei einem Widerstand von 50 Ohm eine Spannung von $160 . 10^{-6}$ Volt $= 0,16$ Millivolt. Das bedeutet eine Spannungsdifferenz von 0,016 Millivolt je Grad Temperatursteigerung.

Einfaches Thermoelement aus
Eisen und Konstantan.
—232—

Stromkreis aus Kupfer und
Konstantan.
—233—

Abbildung 232 zeigt ein Thermoelement aus Eisen und Konstantan. Die beiden Drähte sind unten zusammengeschweißt, die Schweißstelle verträgt eine Temperatur von vielen hundert Grad.

Das Thermoelement läßt sich mit sehr geringem inneren Widerstand bauen. Daher kann die verhältnismäßig kleine Spannung doch einen starken Strom erzeugen. In Abbildung 233 ist ein Stromkreis aus dicken Kupfer- und Konstantanstreifen zusammengeschweißt. Zwischen ihnen befindet sich eine Magnetnadel. Wird die eine Schweißstelle mit der Gasflamme erhitzt, die andere mit Wasser gekühlt, so wird die Nadel entsprechend einer Stromstärke von etwa einem Ampere abgelenkt.

§ 67. Zahlen und Größenordnungen.

Zum Vergleich stellen wir im folgenden eine Anzahl von Zahlengrößen zusammen.

a) Die kleinste mögliche Elektrizitätsmenge, das elektrische Elementarquantum, beträgt:

$$e = 1,6 \cdot 10^{-19} \text{ Coulomb.}$$

b) Kugel von 1 cm Halbmesser.

Kapazität: $C = 4\pi\varepsilon \cdot r = 4\pi \cdot 8,84 \cdot 10^{-14} = 1,11 \cdot 10^{-12}$ Farad.

Ladung bei der Spannung 2 Volt: $2,2 \cdot 10^{-12}$ Coulomb = $1,4 \cdot 10^7$ Elektronen.

Ladung bei der Spannung 220 Volt: $2,4 \cdot 10^{-10}$ Coulomb.

c) Paraffinkloß der Abbildung 127.

Ladung: 10^{-8} Coulomb.

Spannung: 10^3 Volt.

d) Kamm, der durchs Haar gezogen wurde.

Ladung: 10^{-7} Coulomb.

Spannung: 10^4 Volt.

e) Erdkugel $r = 6,37 \cdot 10^8$ cm.

Kapazität: $0,708 \cdot 10^{-3}$ Farad = 708 Mikrofarad.

Das Spannungsgefälle an der Oberfläche ist von der Größenordnung

$$\mathfrak{E} = 1 \text{ Volt/cm.}$$

Daraus läßt sich die Verschiebungsdichte berechnen:

$$\mathfrak{D} = \varepsilon \cdot \mathfrak{E} = 8,84 \cdot 10^{-14} \text{ Coulomb/cm}^2.$$

Wir wollen annehmen, diese sei auf der ganzen Erdoberfläche dieselbe. Dann ergibt sich als Ladung:

$$4\pi r^2 \cdot \mathfrak{D} = 4,5 \cdot 10^5 \text{ Coulomb.}$$

Nehmen wir weiter an, alle von der Erde ausgehenden Feldlinien endigten im Fixsternsystem, so können wir den Spannungsunterschied zwischen der Erde und den Fixsternen berechnen:

$$\Delta E = Q/C = 6,37 . 10^8 \text{ Volt.}$$

f) Der Blitz. Damit ein Blitz entsteht, muß das Spannungsgefälle etwa betragen:

$$\mathfrak{E} = 4 . 10^4 \text{ Volt/cm.}$$

Fassen wir die geladene Wolke als die eine Hälfte K eines geladenen Plattenkondensators auf. Sie habe von der Erde die Entfernung 200 m. Dann beträgt die Spannung:

$$E = 4 . 10^4 . 2 . 10^4 = 8 . 10^8 \text{ Volt.}$$

Schätzungsweise beträgt die übergehende Elektrizitätsmenge

$$Q = 10 \text{ Coulomb.}$$

Daraus finden wir die Energie, die sich im Blitz in Wärme, Licht, Schall usw. umformt zu:

$$A = 0,5 . Q . \Delta E = 4 . 10^9 \text{ Wattsekunden} = 1100 \text{ Kilowattstunden}$$

oder rund

$$4 . 10^8 = 400000000 \text{ kgm.}$$

g) 1 g Blei in Form einer kleinen Kugel. Der Radius wird mittels des Artgewichts 11,3 g/cm³ gefunden zu

$$r = 0,28 \text{ cm.}$$

Die Kapazität beträgt dann

$$C = 3,01 . 10^{-13} \text{ Farad.}$$

Wir wollen einmal annehmen, es sei möglich, dem Bleikügelchen soviel Elektronen zu entziehen, wie es Atome hat, und wollen für diesen Fall die Spannung berechnen. Das Atomgewicht des Bleies beträgt 207,2. Folglich enthält 1 g Blei

$$\frac{1}{207,2} . 6 . 10^{23} = 2,9 . 10^{21} \text{ Atome.}$$

Soviel Elektronen bedeuten eine Elektrizitätsmenge von

$$Q = 2,9 . 10^{21} . 1,6 . 10^{-19} = 460 \text{ Coulomb.}$$

Aus der Kapazität und der Elektrizitätsmenge ergibt sich die Unter(+)spannung des Bleikügelchens zu

$$\Delta E = 1,5 . 10^{15} \text{ Volt.}$$

Die elektrische Energie dieses Kügelchens hätte die phantastische Größe von

$0,5 \; Q \,.\, \Delta E = 3,5 \,.\, 10^{17}$ Wattsekunden $= 98 \,.\, 10^9$ Kilowattstunden
$$\backsimeq 3,5 \,.\, 10^{16} \text{ kgm.}$$

Es ist unter diesen Umständen natürlich vollkommen aussichtslos, die oben gemachte Annahme verwirklichen zu wollen. Dem gewaltigen Spannungsgefälle hielte kein Dielektrikum stand. Kilometerlange Blitze müßten die entstehende Unter($+$)spannung vernichten. Außerdem reichte die ganze elektrische Energie, die im deutschen Reich im Verlauf eines Jahres erzeugt wird, zur Ausführung des Versuchs nicht aus. Aber die Berechnung zeigt uns, welch ungeheure Elektrizitätsmengen in den Atomen und Molekülen vorhanden sind. Andererseits sehen wir, welch winzige Elektrizitätsmengen genügen, um die gebräuchlichen Spannungen zu erzeugen.

Von wesentlich höherer Größenordnung als die unter a) bis f) behandelten Elektrizitätsmengen sind jene, die gepumpt werden müssen, um einen elektrischen Strom eine bestimmte Zeit fließen zu lassen.

h) So strömen durch ein kleines Taschenglühbirnchen in der Minute etwa 18 Coulomb.

i) Ein frisch geladener Akkumulator mittlerer Größe pumpt bis zur Entladung

$$1,5 \,.\, 10^5 \text{ Coulomb,}$$

das ist gegen die in dem Blei der Elektroden enthaltene Elektrizitätsmenge ein ganz verschwindend keiner Teil.

Die in ihm aufgespeicherte Energie beträgt

$3 \,.\, 10^5$ Wattsekunden $= 0,83$ Kilowattstunden $\backsimeq 3 \,.\, 10^4$ kgm.

k) Durch die Glühbirne mit der Aufschrift

220 Volt 50 Watt

fließen bei 6-stündiger Brenndauer (vergl. § 44)

$$0,23 \,.\, 3600 \,.\, 6 \backsimeq 5000 \text{ Coulomb.}$$

l) Die Leistung des Elektrizitätswerks der Stadt Gießen (35000 Einwohner) beträgt an einem Winterabend um 17 Uhr etwa 1800 Kilowatt. Dieser entspricht bei 220 Volt Spannung eine Stromstärke von etwa 8200 Ampere, sodaß also in einer Stunde

$$29,5 \,.\, 10^6 \backsimeq 30 \text{ Millionen Coulomb}$$

in die Leitung gepumpt werden.

m) Der Jahresbedarf der Stadt Gießen an elektrischer Arbeit beträgt

$4,5 . 10^6$ Millionen Kilowattstunden.

n) Die Rheinisch-Westfälischen Elektrizitätswerke liefern im Laufe eines Jahres

2 Milliarden Kilowattstunden

elektrische Arbeit.

m) Im Jahre 1931 lieferten sämtliche Elektrizitätswerke des Deutschen Reiches zusammen

$25 . 10^9 = 25$ Milliarden Kilowattstunden.

Das ist etwa ein Viertel der Arbeit, die nötig wäre, um den unter g) behandelten Phantasieversuch auszuführen.

§ 68. Rückblick.

Am Ende dieses zweiten Bandes sind wir ein großes Stück weiter in die elektrische Welt eingedrungen. Mit der mechanischen, der akustischen, der kalorischen und der optischen Welt ist der Mensch unmittelbar durch seine Sinnesorgane verknüpft. Früh schon hat er sich Erscheinungen aus diesen Gebieten dienstbar gemacht und sich so eine Technik geschaffen. Die Elektrotechnik ist ein Kind der Neuzeit. Sie konnte sich erst entwickeln, als der Mensch sich Sinnesorgane geschaffen hatte, die die Brücke bilden zwischen dem denkenden und ordnenden Verstand und der elektrischen Außenwelt. Meßinstrumente sind verfeinerte Sinnesorgane. So war es denn auch im ersten Teil unsere wichtigste Aufgabe, in kurzem Anlauf die Werkzeuge zu erobern, die uns den Weg in die Fülle der elektrischen Erscheinungen öffneten, Elektrometer und Galvanometer. Wir nahmen sie hin, so wie wir das Auge hinnehmen, wenn wir Optik treiben wollen. Sie lassen uns erst Erfahrungen sammeln. Dann aber müssen wir diese Erfahrungen so ordnen, daß sie nicht als eine Summe zusammenhangloser Einzelheiten erscheinen, sondern müssen ihren inneren Zusammenhang zu ergründen suchen. So konnten wir im ersten Band eine Reihe von Einzelerscheinungen unter dem Begriff „Strömungsfeld" zusammenfassen, während wir uns im zweiten zunächst mit den Erscheinungen des elektrischen Feldes befaßten, um dann die beiden Begriffe „Strömungsfeld" und „elektrisches Feld" auf das Innigste zu verknüpfen.

Stromstärke und Spannung sind für uns rein elektrische Größen. Daran wird auch dadurch nichts geändert, daß wir zur Veranschaulichung dieser Begriffe mechanische Vorstellungen und Bilder in Form unserer Parallelversuche heranziehen. Mechanische Vorstellungen liegen uns eben näher als elektrische. Diese Analogien können und sollen nie einen Beweis liefern. Nehmen wir einmal an, den mechanischen Erscheinungen a_1, b_1, c_1 entsprechen bei früheren Versuchen die elektrischen a_2, b_2, c_2, und wir beobachten jetzt, daß c_1 die Folge von a_1 und b_1 ist, so dürfen wir niemals schließen: „Folglich muß die Erscheinung c_2 auf a_2 und b_2 folgen". Aber das mechanische Bild behält seinen Wert doch, da es zur Fragestellung führt: „Folgt c_2 auf a_2 und b_2?", während ohne das Bild vielleicht gar niemand auf diese Frage käme? Mag nun diese Frage durch den Versuch bejaht werden, wie bei den Versuchen im ersten Band und bei vielen in diesem, oder verneint werden, wie bei den Erscheinungen der §§ 19 und 20, in jedem Fall kommen wir in unserer Erkenntnis ein Stück weiter.

Mit dem Elektrometer und Galvanometer und den Begriffen Stromstärke und Spannung sind wir in den drei ersten Kapiteln dieses Bandes ausgekommen. Im vierten schlugen wir die erste Brücke hinüber nach der Mechanik, in § 32 stellten wir den Zusammenhang zwischen elektrischer und mechanischer Kraft her. Die zweite Brücke bauten wir mittels des Begriffs „Arbeit" in § 43 hinüber nach der Wärmephysik; von ihr zur Mechanik ist ja schon längst die Verbindung fertig. Daß wir aber erst bei dieser Gelegenheit (Seite 93 unten) auf die Wirkungsweise des Elektroskops näher eingehen konnten, ist nichts besonderes. Die Funktion des menschlichen Ohres in der Akustik können wir ja auch erst dann einigermaßen erklären, wenn wir mittels des Ohres in der Akustik die nötigen Erfahrungen gesammelt haben, und das Entsprechende gilt für das Auge.

Einer eingehenden Untersuchung bedürfen noch die Erscheinungen, die wir in Band I Seite 16 als magnetische Wirkungen des elektrischen Stromes bezeichnet haben. Sie sollen im dritten Band dieser Folge behandelt werden.

Sachverzeichnis.

12*

www.ingramcontent.com/pod-product-compliance
Lightning Source LLC
Chambersburg PA
CBHW031442180326
41458CB00002B/620